3ds Max
建模课堂实录

崔丹丹　白力丹　主编

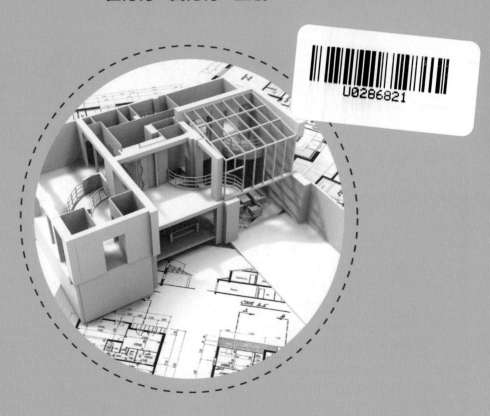

清華大學出版社
北京

内 容 简 介

本书以 3ds Max 建模为中心，以实操案例为重心，对 3ds Max 的知识进行了全面阐述。书中每个案例都给出了具体的操作步骤，同时对操作过程中的设计技巧进行了描述。

全书共 11 章，遵循由浅入深、循序渐进的思路，依次对 3ds Max 的发展及应用领域、相互协作应用软件、基础建模技术、复杂建模技术、多边形建模技术、材质与贴图技术、灯光技术、摄影机技术、渲染技术等知识进行了详细的讲解。最后通过创建常见基础模型、卫生间场景模型、客厅场景模型、卧室场景模型，对前面所学的知识进行了综合应用，以达到举一反三、学以致用的目的。

本书结构合理，思路清晰，内容丰富，语言简练，解说详略得当，既体现了鲜明的基础性，也体现了很强的实用性。

本书既可作为高等院校相关专业的教学用书，又可作为室内设计爱好者的学习用书，同时也可作为社会各类 3ds Max 培训班的首选教材。

图书在版编目(CIP)数据

3ds Max建模课堂实录 / 崔丹丹，白力丹主编. —北京：清华大学出版社，2021.1 (2024.8重印)
ISBN 978-7-302-56738-7

Ⅰ.①3… Ⅱ.①崔… ②白… Ⅲ.①三维动画软件 Ⅳ.①TP391.414

中国版本图书馆CIP数据核字（2020）第210751号

责任编辑：李玉茹
封面设计：杨玉兰
责任校对：鲁海涛
责任印制：沈　露

出版发行：清华大学出版社
　　　　　网　　　址：https://www.tup.com.cn，https://www.wqxuetang.com
　　　　　地　　　址：北京清华大学学研大厦A座　　　　　邮　　编：100084
　　　　　社 总 机：010-83470000　　　　　邮　　购：010-62786544
　　　　　投稿与读者服务：010-62776969，c-service@tup.tsinghua.edu.cn
　　　　　质量反馈：010-62772015，zhiliang@tup.tsinghua.edu.cn
印 装 者：三河市铭诚印务有限公司
经　　销：全国新华书店
开　　本：200mm×260mm　　　　印　　张：15　　字　　数：364千字
版　　次：2021年1月第1版　　　　印　　次：2024年8月第3次印刷
定　　价：79.00 元

产品编号：089277-01

序 言

数字艺术设计是指通过数字化手段和数字工具实现创意和艺术创作的全新职业技能，广泛应用于文化创意、新闻出版、艺术设计等相关领域，并覆盖移动互联网应用、传媒娱乐、制造业、建筑业、电子商务等行业。

ACAA意为联合数字创意和设计相关领域的国际厂商、龙头企业、专业机构和院校，为数字创意领域人才培养提供最前沿的国际技术资源和支持，是中国教育发展战略学会教育认证专业委员会常务理事单位。

ACAA20年来始终致力于数字创意领域，在国内率先创建数字创意领域数字艺术设计技能等级标准，填补了该领域国内空白，依据职业教育国际合作项目成立"设计类专业国际化课改办公室"，积极参与"学历证书+若干职业技能等级证书"相关工作，目前是Autodesk中国教育管理中心。

ACAA在数字创意相关领域具有显著的品牌辨识度和影响力，并享有独立的自主知识产权，先后为Apple、Adobe、Autodesk、Sun、Redhat、Unity、Corel等国际软件公司提供认证考试和教育培训标准化方案，经过20年市场检验，获得充分肯定。

20年来，通过ACAA数字艺术设计培训和认证的学员，有些已成功创业，有些成为企业骨干。众多考生通过ACAA数字艺术设计师资格，或实现入职，或实现加薪、升职，而企业可以通过高级设计师资格完成资质备案，提升企业竞标成功率。

ACAA系列教材旨在为院校和学习者提供更为科学、严谨的学习资源，我们致力于把最前沿的技术和最实用的职业技能评测方案提供给院校学生和其他学习者，促进院校教学改革，提升教学质量，助力产教融合，帮助学习者掌握新技能，强化职业竞争力，助推学习者的职业发展。

ACAA教育/Autodesk中国教育管理中心

（设计类专业国际化课改办公室）

主任 王 东

3ds Max

前　言

本书内容概要

　　3ds Max 是一款功能强大的三维建模与动画设计软件，该软件不仅可以用于复杂模型的创建，还可以很好地制作出效果逼真的图片和动画。因此，它被广泛应用于工业设计、影视动画、游戏角色设计、建筑设计等领域。为了能让读者在短时间内制作出完美的模型，我们组织教学一线的设计人员及高校教师共同编写了本书。本书内容组织如下。

篇	章　节	内容概述
学习准备篇	第 1 章	主要讲解了 3ds Max 的发展简史、应用领域、效果图的制作流程、工作界面及其他相关软件的协调应用等
基础知识篇	第 2 ～ 7 章	主要讲解了绘图环境的设置、图形文件的基本操作、对象的基本操作；样条线、标准基本体、扩展基本体等基础建模知识；复合对象的创建、修改器建模、可编辑网格、NURBS 建模等复杂建模知识；多边形建模知识；常用材质类型、常用贴图类型、灯光类型及其基本参数、阴影类型等知识；摄影机知识、摄影机类型以及渲染基础知识等
实战案例篇	第 8 ～ 11 章	主要讲解了常见基础模型、卫生间场景模型、客厅场景模型、卧室场景模型的创建

系列图书一览

　　本系列图书既注重单个软件的实操应用，又看重多个软件的协同办公，以"理论＋实操"为创作模式，向读者全面阐述了各软件在设计领域中的强大功能。在讲解过程中，结合各领域的实际应用，对相关的行业知识进行了深度剖析，以辅助读者完成各种类型的设计工作。正所谓要"授人以渔"，通过本系列图书，读者不仅可以掌握这些设计软件的使用方法，还能利用它们独立完成作品的创作。本系列图书包含以下图书作品：

- ★ 《3ds Max 建模课堂实录》
- ★ 《3ds Max+Vray 室内效果图制作课堂实录》
- ★ 《3ds Max 材质 / 灯光 / 渲染效果表现课堂实录》
- ★ 《AutoCAD 2020 辅助绘图课堂实录（标准版）》
- ★ 《AutoCAD 2020 室内设计课堂实录》
- ★ 《AutoCAD 2020 园林景观设计课堂实录》
- ★ 《AutoCAD 2020 机械设计课堂实录》
- ★ 《AutoCAD 2020 建筑设计课堂实录》
- ★ 《草图大师 SketchUp 课堂实录》
- ★ 《AutoCAD+SketchUp 园林景观效果表现课堂实录》
- ★ 《AutoCAD+SketchUp+Vray 建筑效果表现课堂实录》

配套资源获取方式

　　本书由崔丹丹（开封大学）、白力丹（贵州经贸职业技术学院）编写，其中崔丹丹编写了第 1 ～ 8 章，白力丹编写了第 9 ～ 11 章。由于编者水平有限，书中难免存在不妥之处，望读者批评、指正。

　　本书配有素材、视频、课件。读者可扫描此二维码获取：

课件二维码　　　　　扩展资源二维码

目 录

CHAPTER 03
基础建模

3ds Max 建模课堂实录

目 录

CHAPTER 06
材质、贴图与灯光

实战案例篇

目录

3ds Max 建模课堂实录

学习准备篇

Study Preparation

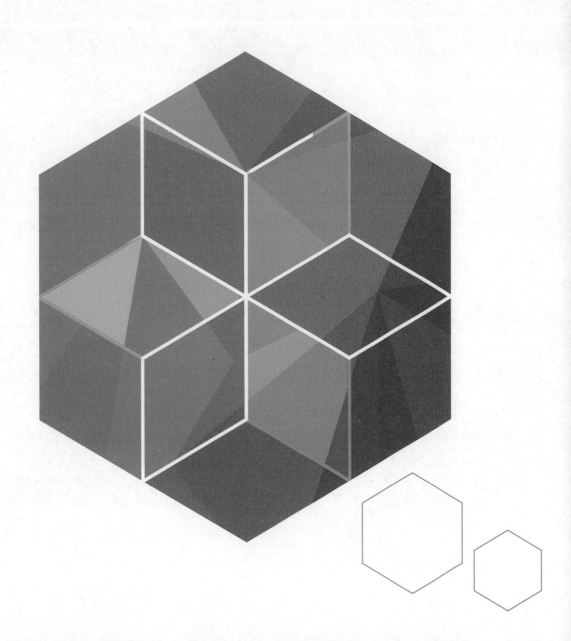

第 1 章

3ds Max 轻松入门

内容导读

3ds Max 是当前最受欢迎的设计软件之一，被广泛应用于广告、影视、工业设计、建筑设计、三维动画、三维建模、多媒体制作、游戏、辅助教学，以及工程可视化等领域。本章将对 3ds Max 的发展简史、应用领域、效果图制作流程、相关应用软件等知识进行讲解。通过对本章的学习，用户可初步认识 3ds Max 并掌握其基础操作知识。

学习目标

» 了解 3ds Max 的发展简史

» 了解 3ds Max 的应用领域

» 熟悉 3ds Max 2018 的工作界面

» 熟悉绘图环境

» 了解相关应用软件

1.1 全面认识 3ds Max

3ds Max 是一款功能强大的设计类软件，它是利用建立在算法基础之上并高于算法的可视化程序来生成三维模型的。与其他建模软件相比，3ds Max 的操作更加简单，更容易上手。因此，受到了广大用户的青睐。

1.1.1 3ds Max 的发展简史

3ds Max 全称为 3D Studio Max，是 Discreet 公司开发的（后被 Autodesk 公司合并）基于 PC 系统的三维动画渲染和制作软件。其前身是基于 DOS 操作系统的 3D Studio 系列软件。在 Windows NT 出现以前，工业级的 CG 制作被 SGI 图形工作站垄断。3D Studio Max+Windows NT 组合的出现，瞬间降低了 CG 制作的门槛，刚开始运用在计算机游戏中的动画制作，后来更进一步参与影视作品的特效制作，如《X 战警 II》《最后的武士》等。

3ds Max 的更新速度超乎人们的想象，几乎每年都准时推出一个新的版本。版本越高，功能就越强大，其宗旨是使用户在更短的时间内创作出更高质量的 3D 作品。

3ds Max 2018 的启动界面如图 1-1 所示。在后面的章节中，我们将逐一介绍该版本的界面布局、基本操作等。

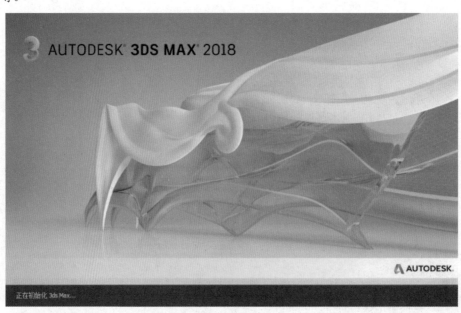

图 1-1

1.1.2 3ds Max 的应用领域

3ds Max 的建模功能非常强大，在角色动画方面具备很强的优势，另外，丰富的插件也是其一大亮点。3ds Max 是最容易上手的 3D 软件，和其他相关软件配合流畅，制作出来的效果非常逼真，被广泛应用于建筑室内外设计、工业造型设计、电影电视特技、游戏开发、卡通动画等领域。下面对常用的几个领域进行介绍。

（1）室内设计。

利用 3ds Max 软件可以制作出各式各样的 3D 室内模型，如家具模型、场景模型等，如图 1-2 所示。

图 1-2

（2）建筑设计。

3ds Max 建筑设计被广泛应用于各个领域，内容和表现形式也呈现出多样化，主要用于表现建筑的地理位置、外观、内部装修、园林景观、配套设施和其中的人物、动物，自然现象如风雨雷电、日出日落、阴晴圆缺等，将建筑和环境动态地展现在人们面前，如图 1-3 所示。

图 1-3

（3）游戏动画。

随着设计与娱乐行业对交互内容的强烈需求，3ds Max 改变了原有的静帧或者动画的方式，由此逐渐催生了虚拟现实这个行业。3ds Max 能为游戏元素创建动画、动作，使这些游戏元素"活"起来，从而能够给玩家带来生气勃勃的视觉感官效果，如图 1-4 所示。

图 1-4

（4）影视动画。

影视动画是目前媒体中所能见到的最流行的画面形式之一。随着它的普及，3ds Max 在动画电影中也得到了广泛应用，3ds Max 数字技术超乎想象地扩展了电影的表现空间和表现能力，创造出人们闻所未闻、见所未见的视听奇观和虚拟现实。《阿凡达》《诸神之战》等热门电影都引进了先进的 3D 技术，如图 1-5 所示。

图 1-5

1.2 效果图制作第一步

说到效果图大家并不陌生，但效果图是如何一步一步制作出来的呢？不论是室内效果图还是室外效果图，都有一个模式化的操作流程，这也是能够细分出专业的建模师、渲染师、灯光师、后期制作师等岗位的原因之一。对于每一位效果图制作人员而言，正确的操作流程能够保证效果图的制作效率和质量。

要想制作一套完整的效果图，不仅需要结合多种不同的软件，还必须有清晰的制图步骤。效果图的详细制作流程大致可分为六个步骤：

第一步 3ds Max 建模，利用 CAD 图和 3ds Max 的命令创建出符合要求的空间模型。

第二步 在场景中创建摄像机，确定合适的角度。

第三步 设置场景光源。

第四步 给场景中各模型指定材质。

第五步 调整渲染参数，渲染出图。

第六步 在 Photoshop 中对图片进行后期的加工和处理，使效果图更加完善。

1.3 熟悉 3ds Max 的工作界面

3ds Max 2018 安装完成后，双击其桌面快捷方式即可启动，操作界面如图 1-6 所示。从图中可以看出，其包括标题栏、菜单栏、工具栏、视口、命令面板、状态栏 / 提示栏、动画控制栏、视图导航栏等，下面将分别对其进行介绍。

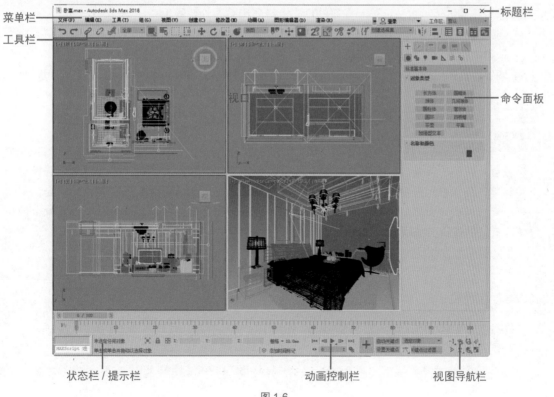

图 1-6

1.3.1　标题栏

标题栏位于工作界面的最上方，其包含程序图标，最大化、最小化、还原、关闭按钮，用于管理文件和查找信息，以及控制窗口的最小化、最大化、关闭。

1.3.2　菜单栏

菜单栏位于标题栏的下方，为用户提供了几乎所有 3ds Max 操作命令。它的形状和 Windows 菜单相似，如图 1-7 所示。在 3ds Max 2018 中，菜单上共有 17 个菜单项，下面对部分选项的含义进行介绍。

| 文件(F) 编辑(E) 工具(T) 组(G) 视图(V) 创建(C) 修改器(M) 动画(A) 图形编辑器(D) 渲染(R) Civil View 自定义(U) ➤ ꝺ登录 ▼ 工作区: 默认 ▼ |

图 1-7

◎ 文件：用于打开、保存、导入与导出文件，以及摘要信息、文件属性等命令的应用。
◎ 编辑：用于对对象的拷贝、删除、选定、临时保存等功能。
◎ 工具：包括常用的各种制作工具。
◎ 组：用于将多个物体组为一个组，或分解一个组为多个物体。
◎ 视图：用于对视图进行操作，但对对象不起作用。
◎ 创建：创建物体、灯光、相机等。
◎ 修改器：编辑修改物体或动画的命令。
◎ 动画：用于控制动画。
◎ 图形编辑器：用于创建和编辑视图。
◎ 渲染：通过某种算法，体现场景的灯光、材质和贴图等效果。
◎ 自定义：方便用户按照自己的爱好设置工作界面。3ds Max 2018 的工具栏、菜单栏、命令面板可以被放置在任意的位置。
◎ 内容：选择"3ds Max 资源库"选项，打开网页链接，里面有 Autodesk 旗下的多种设计软件。
◎ 帮助：关于软件的帮助文件，包括在线帮助、插件信息等。
关于上述菜单的具体使用方法，我们将在后续章节中逐一进行详细的介绍。

> **知识拓展**
>
> 当打开某一个菜单时，若菜单中命令名称旁边有"..."标记，即表示单击该命令将弹出一个对话框。若菜单中的命令名称右侧有一个小三角形，即表示该命令后还有其他的命令，单击该命令可以弹出一个级联菜单。若菜单中命令名称的一侧显示为字母，该字母即为该命令的快捷键，有些时候须与键盘上的功能键配合使用。

1.3.3　工具栏

工具栏位于菜单栏的下方，它集合了 3ds Max 中比较常用的工具，如图 1-8 所示。下面对该工具栏中各工具的含义进行介绍，如表 1-1 所示。

图 1-8

3ds Max 建模课堂实录

表 1-1　常用工具介绍

图标	名　称	含　义
	选择并链接	用于将不同的物体进行链接
	断开当前选择链接	用于将链接的物体断开
	绑定到空间扭曲	用于粒子系统，把场用空间绑定到粒子上，这样才能产生作用
	选择对象	只能对场景中的物体进行选择使用，而无法对物体进行操作
	按名称选择	单击后弹出操作窗口，在其中输入名称可以方便地找到相应的物体，方便操作
	选择区域	矩形选择是一种选择类型，按住鼠标左键拖动来进行选择
	窗口/交叉	设置选择物体时的选择类型方式
	选择并移动	用户可以对选择的物体进行移动操作
	选择并旋转	用户可以对选择的物体进行旋转操作
	选择并均匀缩放	用户可以对选择的物体进行等比例的缩放操作
	选择并放置	将对象准确地定位到另一个对象的曲面上，随时可以使用，不仅限于在创建对象时
	使用轴点中心	选择多个物体时可以通过此命令来设定轴中心点坐标的类型
	选择并操纵	针对用户设置的特殊参数（如滑竿等参数）进行操纵使用
	捕捉开关	可以使用户在操作时进行捕捉创建或修改
	角度捕捉切换	确定多数功能的增量旋转，设置的增量围绕指定轴旋转
	百分比捕捉切换	通过指定百分比增加对象的缩放
	微调器捕捉切换	设置 3ds Max 2018 中所有微调器的单个单击所有增加/减少的值
	编辑命名选择集	无模式对话框。通过该对话框可以直接从视口创建命名选择集或选择要添加到选择集的对象
	镜像	可以对选择的物体进行镜像操作，如复制、关联复制等
	对齐	方便用户对物体进行对齐操作
	切换层资源管理器	对场景中的物体可以使用此工具分类，即将物体放在不同的层中进行操作，以便用户管理
	切换功能区	Graphite 建模工具
	图解视图	设置场景中元素的显示方式等
	材质编辑器	可以对物体进行材质的赋予和编辑
	渲染设置	调节渲染参数
	渲染帧窗口	可以对渲染进行设置
	渲染产品	制作完毕后可以使用该命令渲染输出，查看效果

■ 1.3.4　视口

　　3ds Max 用户界面的最大区域被分割成 4 个相等的矩形区域，称为视口（Viewports）或者视图（Views）。

（1）视口的组成。

视口是 3ds Max 的主要工作区域，每个视口的左上角都有一个标签，启动 3ds Max 后默认的 4 个视口标签是 Top（顶视口）、Front（前视口）、Left（左视口）和 Perspective（透视视口），如图 1-9 所示。

每个视口都包含垂直线和水平线，这些线组成了 3ds Max 的主栅格。主栅格包含黑色垂直线和黑色水平线，这两条线在三维空间的中心相交，交点的坐标是 X=0、Y=0 和 Z=0。其余栅格都以灰色显示。

顶视口、前视口和左视口显示的场景没有透视效果，这就意味着在这些视口中同一方向的栅格线总是平行的，不能相交。透视视口类似于人的眼睛和摄像机观察时看到的效果，视口中的栅格线是可以相交的。

（2）视口的改变。

默认情况下 3ds Max 的工作界面有 4 个视口，当我们使用改变窗口的快捷键时，对应的窗口就会变为所想改变的视口。快捷键所对应的视口如表 1-2 所示。

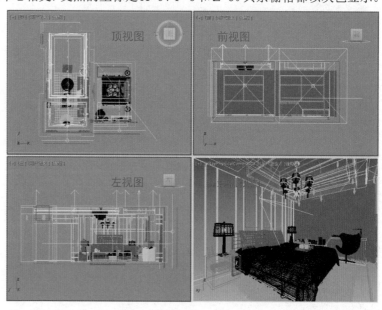

图 1-9

表 1-2　快捷键对应视口

快捷键	视口	快捷键	视口
T	顶视口	B	底视口
L	左视口	R	右视口
U	用户视口	F	前视口
K	后视口	C	摄影机视口
Shift+$	灯光视口	W	满屏视口

或者在每个视口的左上方英文上右击，将会弹出一个命令栏，在命令栏中也可以更改它的视口方式和视口显示方式等。记住，快捷键是提高效率的很好手段！

知识拓展

激活视口后视口边框呈黄色，用户可在其中进行创建或编辑模型操作，在视口中单击鼠标左键或右键都可以激活视口。单击鼠标右键或者在视口的空白处单击鼠标左键都可以正确激活视口。需要注意的是，使用鼠标左键激活视口时，有可能会因为失误而选择物体，从而错误执行另一个命令操作。

■ 实例：设置视口布局

下面介绍视口布局的设置方法，具体操作步骤介绍如下。

Step01 打开素材场景模型，可看到当前视口分为 4 个部分，如图 1-10 所示。

Step02 执行"视图"|"视口配置"命令，打开"视口配置"对话框，切换到"布局"选项卡，从中选择合适的布局类型，如图 1-11 所示。

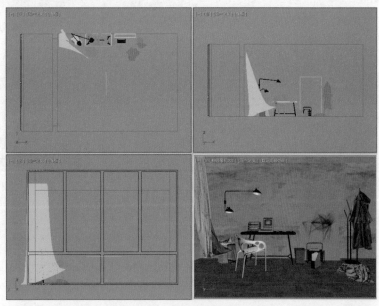

图 1-10

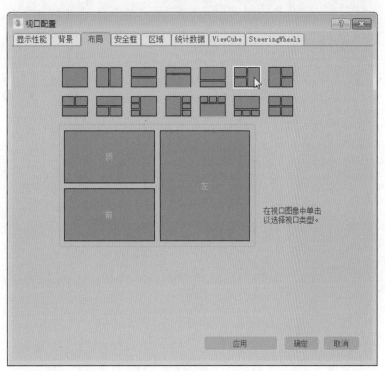

图 1-11

Step03 单击"确定"按钮关闭对话框，即可看到视口布局方式发生了变化，如图 1-12 所示。

Step04 设置各视口类型和视觉显示方式，最终视口效果如图 1-13 所示。

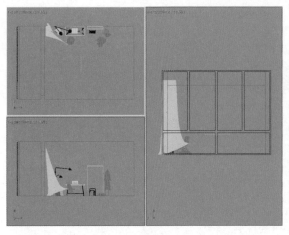

图 1-12 图 1-13

■ 1.3.5 命令面板

命令面板位于工作视窗的右侧，包括创建命令面板、修改命令面板、层次命令面板、运动命令面板、显示命令面板和实用程序命令面板，通过这些命令面板可访问绝大部分的建模和动画命令，如图 1-14 所示。

图 1-14

（1）创建命令面板 ￼。

创建命令面板用于创建对象，是在 3ds Max 中构建新场景的第一步。创建命令面板将所创建对象种类分为 7 个类别，包括几何形、图形、灯光、摄像机、辅助对象、空间扭曲、系统。

（2）修改命令面板 ￼。

通过修改命令面板，可以改变现有物体的创建参数，应用修改命令来调整一组物体或单个物体的几何外形，进行物体次层级的选择和参数修改等操作，还可以进行复杂的建模操作。

（3）层次命令面板 。

通过层次命令面板可以访问用于调整对象间链接的工具。通过将一个对象与另一个对象相链接，可创建父子关系，应用到父对象的变换同时将应用给子对象。通过将多个对象同时链接到父对象和子对象，可创建复杂的层次。

（4）运动命令面板 。

运动命令面板提供用于设置各个对象的运动方式和轨迹，以及高级动画设置。

（5）显示命令面板 。

通过显示命令面板可访问场景中控制对象显示方式的工具，可隐藏和取消隐藏、冻结和解冻对象，改变其显示特性，加速视口显示及简化建模步骤。

（6）实用程序命令面板 。

通过实用程序命令面板可以访问 3ds Max 各种设定小型程序，并可编辑各个插件，是 3ds Max 系统与用户之间对话的桥梁。

■ 1.3.6 动画控制栏

动画控制栏在工作界面的底部，主要是在制作动画时，进行动画记录、动画帧选择、控制动画的播放和动画时间的控制等，如图 1-15 所示。

图 1-15

动画控制栏由"自动关键点""设置关键点""选定对象""关键点过滤器""控制动画显示区"和"时间配置" 6 个按钮组成，下面对主要按钮的含义进行介绍。

◎ 自动关键点：单击该按钮后，时间帧将显示为红色，在不同的时间上移动或编辑图形即可设置动画。

◎ 设置关键点：控制在合适的时间创建关键帧。

◎ 关键点过滤器：在"设置关键点过滤器"对话框中，可对关键帧进行过滤，只有当某个复选框被选择后，有关该选项的参数才可以被定义为关键帧。

◎ 控制动画显示区：控制动画的显示，其中包含转到开头、关键点模式切换、上一帧、播放动画、下一帧、转到结尾、设置关键帧位置等，单击该区域指定按钮，即可执行相应的操作。

◎ 时间配置：单击该按钮，即可打开时间配置对话框，在其中可修改动画的时间显示类型、帧速度、播放模式、动画时间和关键点字符等。

■ 1.3.7 状态栏 / 提示栏

状态栏 / 提示栏在动画控制栏的左侧，提示当前选择的物体数目以及使用的命令、坐标位置和当前栅格的单位，如图 1-16 所示。

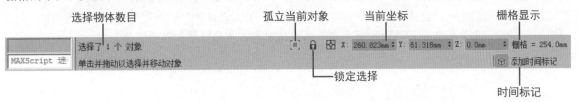

图 1-16

1.3.8 视图导航栏

视图导航栏主要用于控制视图的大小和方位，通过导航栏内相应的按钮，可更改视图中物体的显示状态。视图导航栏会根据当前视图的类型进行相应的更改，如图1-17所示。

图 1-17

视图导航栏由"缩放""缩放所有视图""最大化显示选定对象""所有视图最大化显示选定对象""视野""平移视图""环绕子对象""最大化视口切换"9个按钮组成，各按钮含义介绍如表1-3所示。

表1-3　视图导航按钮介绍

图标	名　　称	用　　途
	缩放	当在透视视图或"正交"视口中进行拖动时，使用"缩放"可调整视口放大值
	缩放所有视图	在4个视图中任意一个窗口中按住鼠标左键拖动可看到4个视图同时缩放
	缩放区域	在视图中框选局部区域，将它放大显示
	最大化显示选定对象	在编辑时可能会有很多物体，当用户要对单个物体进行观察操作时，可使此命令最大化显示选定物体
	所有视图最大化显示选定对象	选择物体后单击，可看到4个视图同时放大化显示的效果
	视野	调整视口中可见场景数量和透视张量
	平移视图	沿着平行于视口的方向移动摄像机
	环绕子对象	使用视口中心作为旋转的中心。如果对象靠近视口边缘，则可能会旋转出视口
	最大化视口切换	可在其正常大小和全屏大小之间进行切换

1.4 了解其他相关软件

在实际应用中，只熟悉3ds Max的操作是不行的，大多数情况还应掌握AutoCAD、SketchUp和Photoshop等软件的操作才能把工作做得更完美。

1.4.1 辅助绘图 AutoCAD

AutoCAD是Autodesk公司首次于1982年开发的自动计算机辅助设计软件，主要用于二维绘图。随着科学技术的发展，AutoCAD软件已经被广泛运用到各行各业，如城市规划、园林设计、航空航天、建筑设计、机械设计、工业设计、电子电气、服装设计、美工设计等。由于功能强大和应用范围广泛，越来越多的设计单位和企业采用这一技术来提高工作效率、产品质量和改善工作条件。

1. 绘制与编辑图形

AutoCAD的"绘图"菜单中包含丰富的绘图命令，使用它们可以绘制直线、构造线、多段线、圆、矩形、多边形、椭圆等基本图形，也可以将绘制的图形转换为面域，对其进行填充。如果再借助"修改"菜单中的修改命令，便可绘制出各种各样的二维图形，如图 1-18 所示。

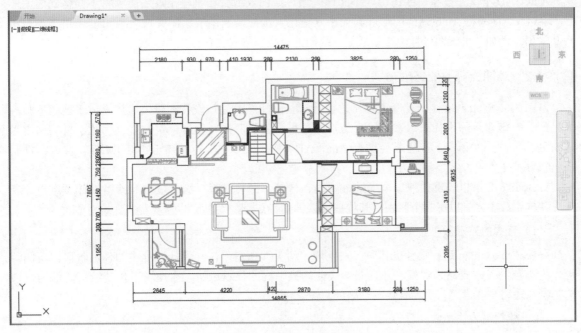

图 1-18

2. 标注图形尺寸

尺寸标注是向图形中添加测量注释的过程，是整个绘图过程中不可缺少的。AutoCAD 的"标注"菜单中包含了一套完整的尺寸标注和编辑命令，使用它们可在图形的各个方向上创建各种类型的标注，也可方便、快速地以一定格式创建符合行业或项目标准的标注。

标注显示了对象的测量值，对象之间的距离、角度，或者特征与指定原点的距离。在 AutoCAD 中提供了线性、半径和角度 3 种基本的标注类型，可进行水平、垂直、对齐、旋转、坐标、基线或连续等标注。此外，还可进行引线标注、公差标注，以及自定义粗糙度标注。标注的对象可以是二维图形或三维图形，如图 1-19、图 1-20 所示。

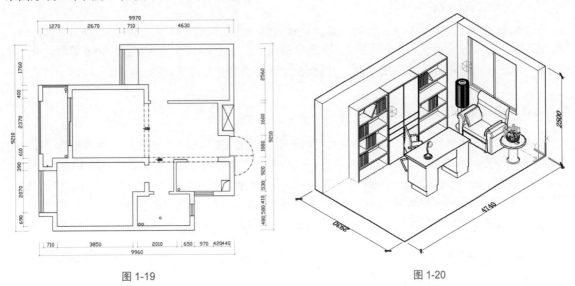

图 1-19

图 1-20

3. 输出与打印图形

AutoCAD 不仅允许将所绘图形以不同样式通过绘图仪或打印机输出，还能够将不同格式的图形导入 AutoCAD 或将 AutoCAD 图形以其他格式输出。因此，当图形绘制完成之后可以使用多种方法将其输出。例如，可将图形打印在图纸上，或创建成相应格式文件以供其他应用程序使用。

■ 1.4.2 草图大师 SketchUp

草图大师 SketchUp 是一款令人惊奇的设计工具，能够给建筑设计师带来边构思边表现的体验，而且产品打破建筑师设计思想表现的束缚，快速形成建筑草图、创作建筑方案。因此，有人称它为建筑创作上的一大革命。其通常会结合 AutoCAD、3ds Max、VRay 或者 LUMIOM 等软件或插件制作建筑方案、景观方案、室内方案等。

SketchUp 之所以能够快速、全面地被室内、建筑、园林景观、城市规划等诸多设计领域设计者接受并推崇，主要有以下几个区别于其他三维软件的特点。

（1）直观的显示效果。

在使用 SketchUp 进行设计创作时，可实现"所见即所得"，在设计过程中的任何阶段，草图都可作为直观的三维成品来观察，并且能够快速切换不同的显示风格。它摆脱了传统绘图方法的烦琐与枯燥，还可与客户进行更为直接、有效的交流。

（2）建模高效快捷。

SketchUp 提供三维坐标轴，这一点和 3ds Max 的坐标轴相似，但是 SketchUp 有个特殊功能，就是在绘制草图时，只要稍微留意一下跟踪线的颜色，即可准确定位图形的坐标。SketchUp "画线成面，推拉成体"的操作方法极为便捷，在软件中不需要频繁地切换视图，有了智能绘图工具（如平行、垂直、量角器等），可直接在三维界面中轻松地绘制出二维图形，然后直接推拉成三维立体模型。

（3）材质和贴图使用便捷。

SketchUp 拥有自己的材质库，用户可根据自己的需要赋予模型各种材质和贴图，并且能够实时显示出来，从而直观地看到效果。同时，SketchUp 还可以直接用 Google Maps 的全景照片进行模型贴图，这对制作类似"数字城市"的项目来讲，是一种高效的方法。材质确定后，不仅可以方便地修改色调，而且能够直观地显示修改结果，以避免反复的试验过程。

（4）全面的软件支持与互转。

SketchUp 不但能在模型的建立上满足建筑制图高精确度的要求，还能完美结合 VRay、Piranesi、Artlantis 等渲染器实现多种风格的表现效果。此外，SketchUp 与 AutoCAD、3ds Max、Revit 等常用设计软件之间可以进行十分快捷的文件转换互用，并且满足多个设计领域的需求。

■ 1.4.3 图像处理 Photoshop

众所周知，Photoshop 是图像处理领域的"巨无霸"，在出版印刷、广告设计、美术创意、图像编辑等领域得到了极为广泛的应用，是平面、三维、建筑、影视后期等领域设计师必备的一款图像处理软件。

利用 Photoshop 可以真实地再现现实生活中的图像，也可以创建现实生活中并不存在的虚幻景象。它可以完成高精确度的图像编辑任务，可以对图像进行缩放、旋转或透视等操作，也可以进行修补、修饰图像的残缺等编辑内容，还可以将几幅图像通过图层操作、工具应用等编辑手法，合成完整的、意义明确的设计作品。

（1）平面设计。

这是 Photoshop 应用最为广泛的领域，不论是图书封面，还是招贴、海报，这些平面印刷品通常都需要 Photoshop 软件对图像进行处理。

（2）广告摄影。

广告摄影作为一种对视觉要求非常严格的工作，其最终成品往往经过了 Photoshop 的修改才得到满意的效果。

（3）影像创意。

影像创意是 Photoshop 的特长，通过 Photoshop 的处理可将不同的对象组合在一起，使图像发生变化。

（4）视觉创意。

视觉创意与设计是设计艺术的一个分支，此类设计通常没有非常明显的商业目的，但由于其为广大设计爱好者提供了广阔的设计空间，因此越来越多的设计爱好者开始学习 Photoshop，并进行具有个人特色与风格的视觉创意。

（5）后期修饰。

当制作的建筑效果图包括三维场景时，人物与配景包括场景的颜色常常需要在 Photoshop 中增加并调整，如图 1-21、图 1-22 所示。

图 1-21

图 1-22

ACAA课堂笔记

课堂实战：设置工作界面颜色

3ds Max 2018 默认界面的颜色是黑灰色，用户可根据自己的喜好自由设置界面颜色，也可直接将界面设置为浅色，具体操作步骤介绍如下。

Step01 启动 3ds Max 2018 应用程序，如图 1-23 所示。

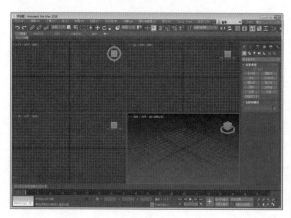

图 1-23

Step02 执行"自定义"|"自定义用户界面"命令，打开"自定义用户界面"对话框，切换到"颜色"选项卡，如图 1-24 所示。

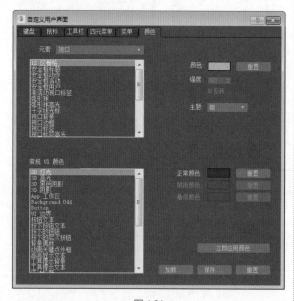

图 1-24

Step03 单击"加载…"按钮，打开"加载颜色文件"对话框，从 3ds Max 的安装路径 X:\3ds Max fr-FR\UI 文件夹下找到名为 ame-light.clrx 的 CLRX 文件，如图 1-25 所示。

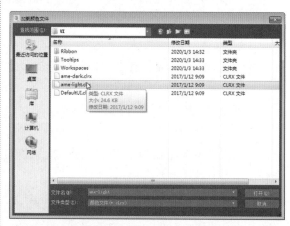

图 1-25

Step04 单击"打开"按钮，即可看到 3ds Max 的工作界面变成了浅灰色，如图 1-26 所示。

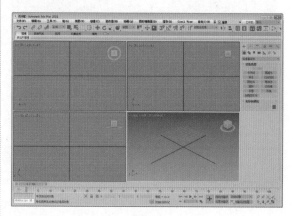

图 1-26

ACAA课堂笔记

3ds Max 建模课堂实录

课后作业

为了让用户能够更好地掌握本章所学的知识，下面安排了一些 Autodesk、ACAA 认证考试的参考试题，让用户可以对所学的知识进行巩固和练习。

一、填空题

1. 3ds Max 的坐标轴有三种颜色，红色代表_____，绿色代表_____，蓝色代表_____。
2. 3ds Max 的三大要素是_____、_____、_____。
3. 默认状态下视口的最大化最小化快捷键是_____。
4. 在默认状态下，视图区一般由_____个相同的方形窗格组成，每个窗格代表一个视图。

二、选择题

1. 3ds Max 大部分命令都集中在（　　　）。

A. 标题栏　　　　　　B. 主菜单　　　　　　　C. 工具栏　　　　　　　D. 视图

2. 3ds Max 中用于切换各个模块的区域是（　　　）。

A. 视图　　　　　　　B. 工具栏　　　　　　　C. 命令面板　　　　　　D. 标题栏

3. 3ds Max 默认的界面设置文件是（　　　）。

A. Default.ui　　　　B. DefaultUI.ui　　　　C. 1.ui　　　　　　　　D. 以上都不正确

4. 3ds Max 的插件默认安装在（　　　）目录下。

A. 3ds Max 安装　　　B. plugcfg　　　　　　C. plugins　　　　　　D. scripts

三、操作题

1. 本实例将在"视口配置"对话框中设置 3ds Max 的窗口显示设置为三个，如图 1-27 所示。

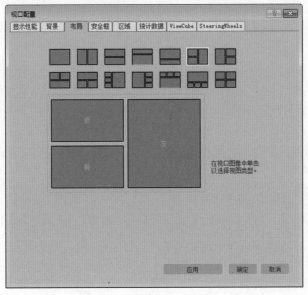

图 1-27

2. 本实例将在"首选项设置"对话框中设置文件的自动保存时间为 30 分钟，如图 1-28 所示。

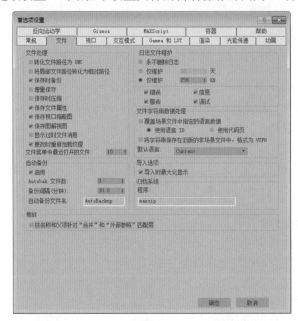

图 1-28

基础知识篇

Basic Knowledge

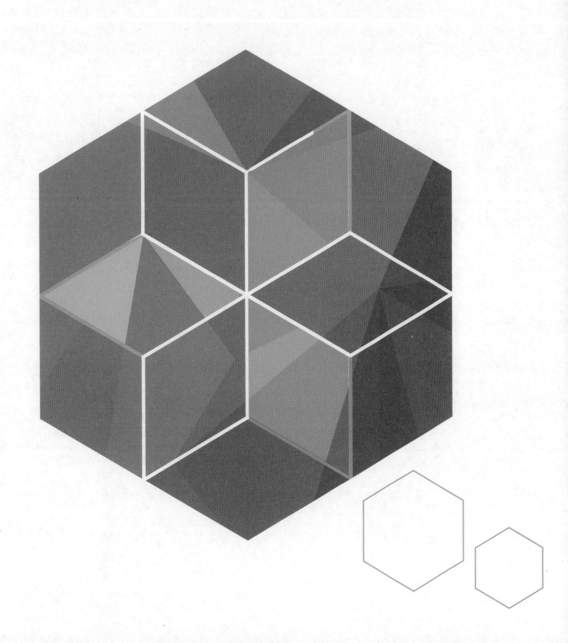

第〈2〉章

3ds Max 入门必学

内容导读

　　对于刚刚接触 3ds Max 的读者来说，掌握其基本操作是进一步学习 3ds Max 的基础。本章主要介绍绘图环境的设置及图形文件和图形对象的基本操作。通过本章的学习，可以掌握对场景文件及对象的基本操作。

学习目标

>> 了解图形文件的创建和归档

>> 了解对象的选择操作

>> 掌握绘图环境的设置操作

>> 掌握对象的变换操作

>> 掌握对象的复制、镜像操作

2.1 设置绘图环境

在创建模型之前，需要对 3ds Max 进行单位、自动保存等设置。通过以上基础设置可方便用户创建模型，提高工作效率。

2.1.1 绘图单位

单位是连接 3ds Max 三维世界与物理世界的关键。在插入外部模型时，如果插入的模型和软件中设置的单位不同，可能会导致插入的模型显示过小，所以在创建和插入模型之前都需要进行单位设置。

"单位设置"对话框可以更改单位显示的方式，通过它可在通用单位和标准单位间进行选择，如图 2-1 所示。也可创建自定义单位，这些自定义单位可以在创建任何对象时使用。

图 2-1

实例：设置绘图单位

下面以"系统单位比例"和"显示单位比例"均设置为"毫米"为例，来介绍单位设置的操作方法，具体步骤介绍如下。

Step01 执行"自定义"|"单位设置"命令，打开"单位设置"对话框，如图 2-2 所示。

Step02 单击对话框上方的"系统单位设置"按钮，打开"系统单位设置"对话框，在"系统单位比例"选项组下拉列表中选择"毫米"选项，如图 2-3 所示。

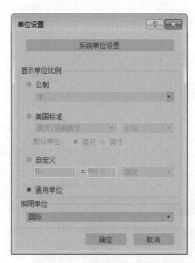

图 2-2

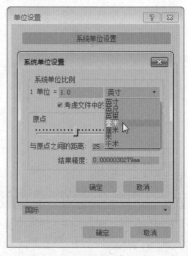

图 2-3

 ACAA课堂笔记

Step03 单击"确定"按钮，返回"单位设置"对话框。在"显示单位比例"选项组中选中"公制"单选按钮，激活"公制"列表框，如图 2-4 所示。

Step04 单击下拉按钮，在弹出的列表中选择"毫米"选项，如图 2-5 所示。设置完成后单击"确定"按钮即可。

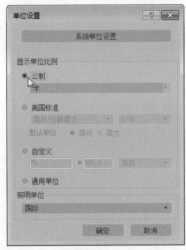

图 2-4 　　　　　　　　　　图 2-5

■ 2.1.2　自动保存和备份

在插入或创建的图形较大时，计算机的屏幕显示性能会越来越慢，为了提高计算机性能，用户可以更改文件备份间隔保存时间。在"首选项设置"对话框中可对该功能进行设置，如图 2-6 所示。

用户可通过以下方式打开"首选项设置"对话框。

◎ 执行"自定义"|"首选项"命令。

◎ 在工作界面的左上方单击"菜单浏览器"按钮，在弹出的快捷菜单列表中，单击右下方的"选项"按钮。

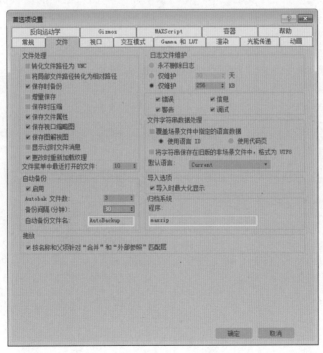

图 2-6

■ **实例：设置文件备份间隔保存**

下面以文件备份间隔保存设置为 30 分钟为例，来介绍文件备份间隔保存设置的操作方法，具体操作步骤介绍如下。

Step01 执行"自定义"|"首选项"命令，如图 2-7 所示。

Step02 打开"首选项设置"对话框，如图 2-8 所示。

图 2-7

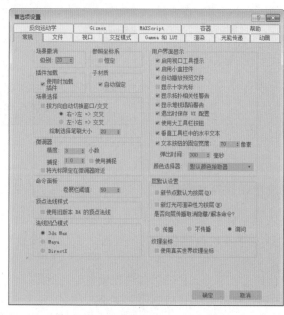

图 2-8

Step03 在对话框中切换到"文件"选项卡，在"自动备份"选项组中的"备份间隔（分钟）"文本框中输入数值，如图 2-9 所示。

Step04 设置完成后单击"确定"按钮，完成文件备份间隔保存设置，如图 2-10 所示。

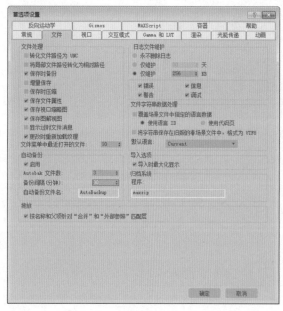

图 2-9

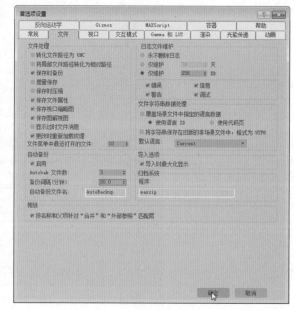

图 2-10

3ds Max 建模课堂实录

2.1.3 设置快捷键

利用快捷键创建模型可以迅速提高工作效率，节省寻找菜单命令或者工具的时间。为了避免快捷键和外部软件冲突，用户可自定义设置快捷键。

在"自定义用户界面"对话框中可设置快捷键，通过以下方式可打开"自定义用户界面"对话框。

◎ 执行"自定义"|"自定义用户界面"命令。

◎ 在工具栏的"键盘快捷键覆盖切换"按钮上单击鼠标右键。

■ 实例：自定义快捷键

下面以附加命令设置为Alt+F8组合键为例，来介绍设置快捷键的操作方法，具体操作步骤介绍如下。

Step01 执行"自定义"|"自定义用户界面"命令，打开"自定义用户界面"对话框，如图2-11所示。

Step02 打开"键盘"选项卡，单击"组"下拉按钮，在弹出的下拉列表中选择"可编辑多边形"选项，如图2-12所示。

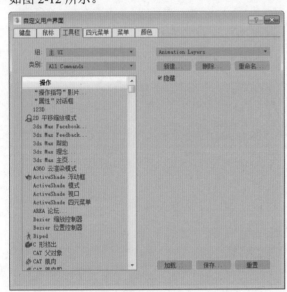

图 2-11

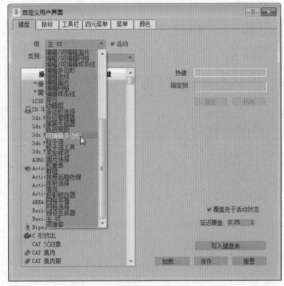

图 2-12

Step03 在下方的列表框中会显示该组中包含的命令选项，选择需要设置快捷键的选项，如图2-13所示。

Step04 激活右侧的"热键"文本框，并在键盘上选择Alt+F8组合键，即可设置快捷键，如图2-14所示。

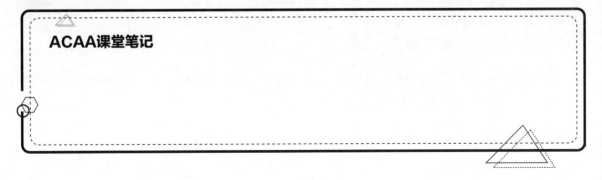

ACAA课堂笔记

图 2-13

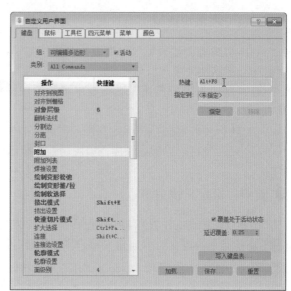

图 2-14

Step05 单击"指定"按钮，指定附加快捷键，如图 2-15 所示。

Step06 单击"关闭"按钮，即可完成设置快捷键操作，如图 2-16 所示。

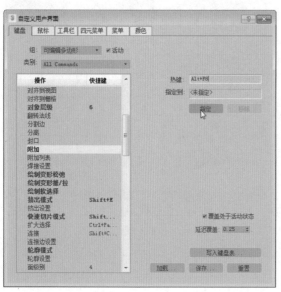

图 2-15

图 2-16

2.2 图形文件的基本操作

3ds Max 提供了关于场景文件的操作命令，如"新建""重置""归档"等，这些命令可用于对图形文件进行打开、关闭、保存、导入及导出等操作。

■ 2.2.1 新建文件

"新建"命令可以新建一个场景文件。执行"文件"|"新建"命令后，在其右侧区域中将出现

4 个选项，如图 2-17 所示。下面对各选项的含义进行介绍。

图 2-17

◎ 新建全部：该命令可清除当前场景的内容，保留系统设置，
如视口配置、捕捉设置、材质编辑器、背景图像等。

◎ 保留对象：用新场景刷新 3ds Max，并保留进程设置及对象。

◎ 保留对象和层次：用新场景刷新 3ds Max，并保留进程设
置、对象及层次。

◎ 从模板新建：用新场景刷新 3ds Max，根据需要确定是否
保留旧场景。

2.2.2 重置文件

使用"重置"命令可以清除所有数据并重置 3ds Max 设置（包
括视口配置、捕捉设置、材质编辑器、背景图像等），还可以还
原启动默认设置，并移除当前会话期间所做的任何自定义设置。
使用"重置"命令与退出并重新启动 3ds Max 的效果相同。

执行"文件"|"重置"命令，系统会弹出提示信息，如图 2-18
所示。用户可根据需要选择"保存""不保存"或"取消"。

图 2-18

> **知识拓展**
>
> 下面对常用的文件类型进行介绍：
> 1. MAX 文件是完整的场景文件。
> 2. CHR 文件是用"保存类型"为"3ds Max 角色"功能保存的角色文件。
> 3. DRF 文件是 VIZ Render 中的场景文件，VIZ Render 是包含在 AutoCAD 软件中的一款渲
> 染工具。该文件类型类似于 Autodesk VIZ 先前版本中的 MAX 文件。

■ 实例：合并模型到当前场景

本案例介绍将模型合并到当前场景的方法，具体操作步骤介绍如下。

`Step01` 打开原始素材场景，如图 2-19 所示。

图 2-19

Step02 执行"文件"|"导入"|"合并"命令，如图 2-20 所示。

Step03 打开"合并文件"对话框，选择要合并到当前场景的模型文件，再单击"打开"按钮，如图 2-21 所示。

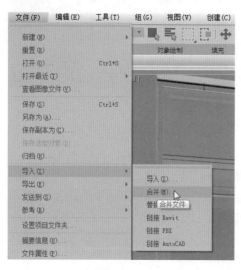

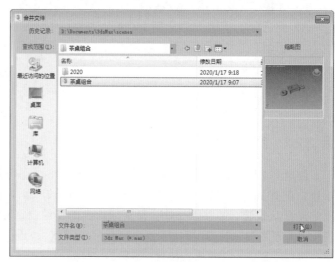

图 2-20　　　　　　　　　　　　　　　　　　图 2-21

Step04 此时系统会弹出合并对话框，选择要合并到当前场景的模型对象，如图 2-22 所示。

Step05 单击"确定"按钮即可将模型对象合并到当前场景，移动模型到合适的位置，即完成本案例的操作，如图 2-23 所示。

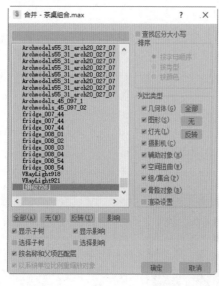

图 2-22

图 2-23

■ 2.2.3　归档文件

"归档"命令会自动查找场景中参照的文件，并在可执行文件的文件夹中创建压缩文件，在存档处理期间将显示日志窗口。

执行"文件"|"归档"命令，系统会打开"文件归档"对话框，如图 2-24 所示。用户可在该对话框中设置文件归档路径及名称。

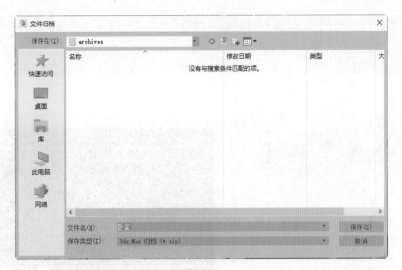

图 2-24

■ 实例：将创建好的场景归档

场景创建完毕后，为了便于复制、移动等操作，用户可将其进行归档。归档后的压缩包，可以很方便地进行复制、移动。本案例将介绍模型归档的操作方法，具体步骤介绍如下。

Step01 打开创建好的模型场景，如图 2-25 所示。

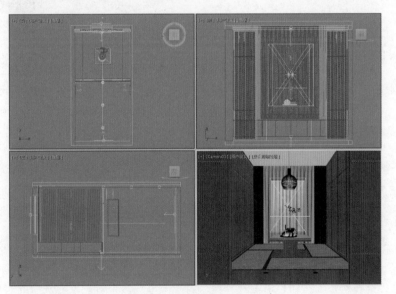

图 2-25

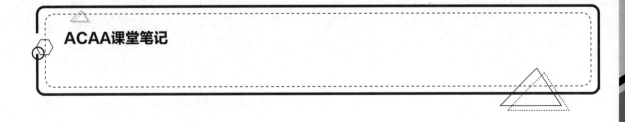

ACAA课堂笔记

Step02 执行"文件"|"归档"命令,打开"文件归档"对话框,指定文件存储路径并输入文件名,如图2-26所示。

Step03 单击"保存"按钮,系统弹出一个命令执行程序,会将场景中所有的贴图、光域网和模型等进行归类,如图2-27所示。

图 2-26

图 2-27

Step04 归类完毕后,即可在指定路径生成一个压缩文件,如图2-28所示。

图 2-28

2.3 对象的基本操作

在场景的创建过程中常会需要对对象进行基本操作,包括移动、旋转、缩放、阵列、隐藏等。

2.3.1 选择操作

要对对象进行操作,首先要选择对象。快速并准确地选择对象,是熟练运用 3ds Max 的关键。

1.选择按钮

选择按钮主要有"选择对象"和"按名称选择"两种,前者可直接框选或单击选择一个或多个对象,后者则可通过对象名称进行选择。

（1）"选择对象"按钮▇。

用鼠标单击"选择对象"按钮,单击选择一个对象或框选多个对象,被选中的对象以高亮显示。若想一次选中多个对象,按住 Ctrl 键的同时单击对象即可。

（2）"按名称选择"按钮▇。

单击"按名称选择"按钮可打开"从场景选择"对话框,如图2-29所示。用户既可在下方对象列表中双击对象名称进行选择,也可在输入框中输入对象名称进行选择。

2.选择区域

选择区域的形状,包括矩形选区、圆形选区、围栏选区、套索选区、绘制选择区域、窗口及交叉几种。

执行"编辑"|"选择区域"命令，在其级联菜单中可选择需要的选择方式，如图 2-30 所示。

3. 过滤选择

"选择过滤器"中将对象分为全部、几何体、图形、灯光、摄影机、辅助对象、扭曲等 12 个类型，如图 2-31 所示。利用"选择过滤器"可以对对象的选择进行范围限定，屏蔽其他对象，而只显示限定类型的对象以便于选择。当场景比较复杂，并且需要对某一类对象进行操作时，可以使用"选择过滤器"。

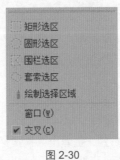

图 2-29 　　　　　　　　图 2-30 　　　　　　图 2-31

■ 2.3.2 　变换操作

变换对象是指将对象重新定位，包括改变对象的位置、旋转角度或者变换对象的比例等。用户可以选择对象，然后使用工具栏中的各种变换按钮进行变换操作。移动、旋转和缩放属于对对象的基本变换。

1. 移动对象

移动是最常使用的功能，可改变对象的位置，在工具栏中单击"选择并移动"按钮✛，即可激活移动工具。单击物体对象后，视口中会出现一个三维坐标系，如图 2-32 所示。当一个坐标轴被选中时它会显示为高亮黄色，可在三个轴向上对物体进行移动；把鼠标放在两个坐标轴中间，可将对象在两个坐标轴形成的平面上随意移动。

右击"选择并移动"按钮，会弹出"移动变换输入"输入框，如图 2-33 所示。在该输入框的"偏移：屏幕"选项组中输入数值，可控制对象在三个坐标轴上的精确移动。

图 2-32 　　　　　　　　　图 2-33

2. 旋转对象

需要调整对象的视角时，可单击工具栏中的"选择并旋转"按钮 C，当前被选中的对象可沿三个坐标轴进行旋转，如图 2-34 所示。

右击"选择并旋转"按钮，会弹出"旋转变换输入"输入框，如图 2-35 所示。在该输入框的"偏移：屏幕"选项组中输入数值，可控制对象在三个坐标轴上的精确旋转。

图 2-34

图 2-35

3. 缩放对象

若要调整场景中对象的比例大小，可单击工具栏中的"选择并均匀缩放"按钮，即可对对象进行等比例缩放，如图 2-36 所示。

右击"选择并均匀缩放"按钮，会弹出"缩放变换输入"输入框，如图 2-37 所示。在该输入框的"偏移：屏幕"选项组中输入数值，可控制对象的精确缩放。

图 2-36

图 2-37

■ 2.3.3 复制操作

3ds Max 提供了多种复制方式，用户可快速创建一个或多个选定对象的多个版本。复制对象的通用术语为"克隆"，本小节主要介绍克隆对象的方法。

◎ 选择对象后，执行"编辑"|"克隆"命令。

◎ 在使用移动、旋转或缩放等变换工具时按住 Shift 键。

使用以上方法都可以打开"克隆选项"对话框，如图 2-38 所示。

图 2-38

3ds Max 建模课堂实录

在该对话框中提供了 3 种克隆方法，分别是复制、实例、参考，各选项含义介绍如下。

◎ 复制：创建一个与原始对象完全无关的克隆对象。修改一个对象时，不会对另一个对象产生影响。

◎ 实例：创建与原始对象完全可交互克隆对象。修改实例对象时，原始对象也会发生相同的改变。

◎ 参考：克隆对象时，创建与原始对象有关的克隆对象。在参考对象之前，更改对该对象应用的修改器的参数，将会更改这两个对象。但是，新修改器可以应用于参考对象之一，其只会影响应用该修改器的对象。

■ 2.3.4 镜像操作

在视口中选择任一对象，在工具栏上单击"镜像"按钮将打开镜像对话框。在开启的对话框中设置镜像参数，然后单击"确定"按钮完成镜像操作。开启的镜像对话框如图 2-39 所示。

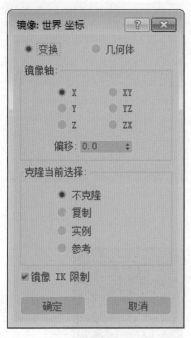

图 2-39

"镜像轴"选项组表示镜像轴选择为"X""Y""Z""XY""YZ"和"ZX"，选择其一可指定镜像的方向。这些选项等同于"轴约束"工具栏上的选项按钮。其中"偏移"选项用于指定镜像对象轴点距原始对象轴点之间的距离。

"克隆当前选择"选项组用于确定由"镜像"功能创建的副本的类型。默认设置为"不克隆"。

◎ 不克隆：在不制作副本的情况下，镜像选定对象。

◎ 复制：将选定对象的副本镜像到指定位置。

◎ 实例：将选定对象的实例镜像到指定位置。

◎ 参考：将选定对象的参考镜像到指定位置。

镜像 IK 限制：当围绕一个轴镜像几何体时，会导致镜像 IK 约束（与几何体一起镜像）。如果不希望 IK 约束受"镜像"命令的影响，可禁用此选项。

选择模型，如图 2-40 所示。单击"镜像"按钮，打开镜像对话框，设置镜像轴，复制当前对象，并设置偏移距离，设置完成后，单击"确定"按钮，即可完成模型的镜像操作，如图 2-41 所示。

图 2-40

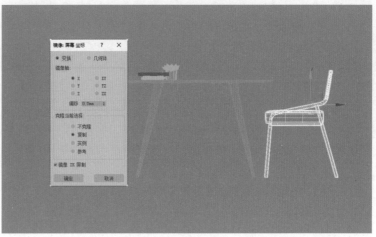

图 2-41

■ 2.3.5 捕捉操作

捕捉操作能够捕捉处于活动状态位置的 3D 空间的控制范围，而且有很多捕捉类型可用，可激活不同的捕捉类型。与捕捉操作相关的工具按钮包括捕捉开关、角度捕捉切换、百分比捕捉切换、微调器捕捉切换。主要功能介绍如下。

（1）捕捉开关 2° 2° 3°。

这 3 个按钮代表了 3 种捕捉模式，提供捕捉处于活动状态位置的 3D 空间的控制范围。在捕捉对话框中有很多捕捉类型可用，可激活不同的捕捉类型。

（2）角度捕捉切换 $\unicode{x2221}^\circ$。

用于切换确定多数功能的增量旋转，包括标准旋转变换。随着旋转对象或对象组，对象以设置的增量围绕指定轴旋转。

（3）百分比捕捉切换 %。

切换通过指定的百分比增加对象的缩放。当单击"捕捉"按钮后，可以捕捉栅格、切换、中点、轴点、面中心和其他选项。

右击工具栏的空白区域，在弹出的快捷菜单中选择"捕捉"命令可开启捕捉工具栏，如图 2-42 所示。可使用"捕捉"选项卡中的这些复选框启用捕捉设置的任何组合。

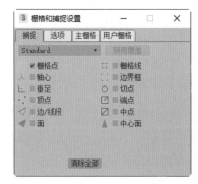

图 2-42

■ 2.3.6 隐藏 / 冻结操作

在视口中选择所要操作的对象，单击鼠标右键，在弹出的快捷菜单中将显示"隐藏选定对象""全部取消隐藏""冻结当前选择"等命令。下面对常用命令进行介绍。

1. 隐藏与取消隐藏

在建模过程中为了便于操作，常常将部分物体暂时隐藏，以提高界面的操作速度，在需要的时候再将其显示。

在视口中选择需要隐藏的对象并单击鼠标右键，在弹出的快捷菜单中选择"隐藏选定对象"或"隐藏未选定对象"命令，如图 2-43 所示，将实现隐藏操作。当不需要隐藏对象时，同样在视口中单击鼠标右键，在弹出的快捷菜单中选择"全部取消隐藏"或"按名称取消隐藏"命令，场景的对象将不再被隐藏。

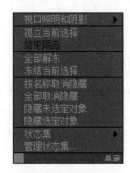

图 2-43

2. 冻结与解冻

在建模过程中为了便于操作，避免对场景中对象的误操作，常常将部分物体暂时冻结，在需要的时候再将其解冻。

在视口中选择需要冻结的对象并单击鼠标右键，在弹出的快捷菜单中选择"冻结当前选择"命令，将实现冻结操作，如图 2-44 所示为冻结效果。当不需要冻结对象时，同样在视口中单击鼠标右键，在弹出的快捷菜单中选择"全部解冻"命令，场景中的对象将不再被冻结，如图 2-45 所示为解冻效果。

图 2-44

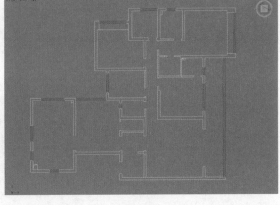

图 2-45

■ 2.3.7 成组操作

控制成组操作的命令集中在"组"菜单中，其包含用于将场景中的对象成组和解组的所有功能，如图 2-46 所示。

图 2-46

◎ 执行"组"|"组…"命令，可将对象或组的选择集组成为一个组。

◎ 执行"组"|"解组"命令，可将当前组分离为其组件对象或组。

◎ 执行"组"|"打开"命令，可暂时对组进行解组，并访问组内的对象。

◎ 执行"组"|"关闭"命令，可重新组合打开的组。

◎ 执行"组"|"附加"命令，选定对象成为现有组的一部分。

◎ 执行"组"|"分离"命令，从对象的组中分离选定对象。

◎ 执行"组"|"炸开"命令，解组组中的所有对象。它与"解组"命令不同，后者只解组一个层级。

◎ 执行"组"|"集合"命令，在其级联菜单中提供了用于管理集合的命令。

△
ACAA课堂笔记

课堂实战：创建造型书架模型

下面将利用本章所学的知识创建一个造型书架模型，具体操作步骤介绍如下。

Step01 单击"长方体"按钮，创建尺寸为200mm×440mm×12mm的长方体作为书架底座，如图2-47所示。

Step02 按Ctrl+V组合键打开"克隆选项"对话框，选中"复制"单位按钮，如图2-48所示。

Step03 单击"确定"按钮，即可复制长方体，调整其尺寸为12mm×200mm×1000mm，居中对齐到底座外侧，作为书架支撑，如图2-49所示。

Step04 选择底座进行复制，并设置尺寸为200mm×385mm×12mm，如图2-50所示。

Step05 切换到前视图，在工具栏上右击"选择并旋转"按钮，打开"旋转变换输入"对话框，在"偏移：屏幕"选项组中输入Z轴偏移值为-45，如图2-51所示。

Step06 按回车键确认，即可将长方体按顺时针方向旋转45°，再移动长方体位置，如图2-52所示。

图 2-47

图 2-48

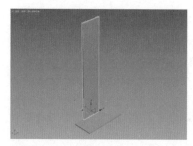

图 2-49

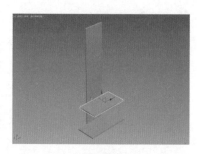

图 2-50

图 2-51

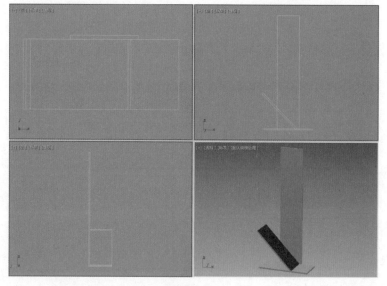

图 2-52

ACAA课堂笔记

Step07 在工具栏中单击"镜像"按钮，打开镜像对话框，设置镜像轴为 X 轴，再选中"复制"单选按钮，如图 2-53 所示。

Step08 单击"确定"按钮，即可镜像复制长方体，如图 2-54 所示。

Step09 移动对象，使两个长方体相互垂直，制作出一层书架，如图 2-55 所示。

Step10 选择两个长方体，按住 Shift 键向上复制出多个，即可完成造型书架的制作，如图 2-56 所示。

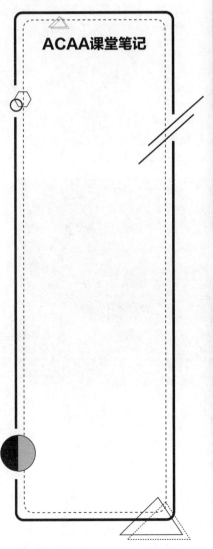

ACAA课堂笔记

图 2-53

图 2-54

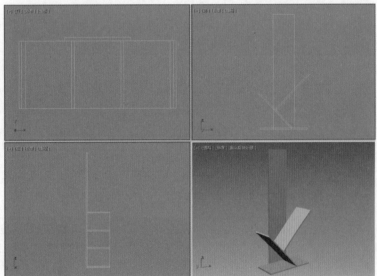

图 2-55

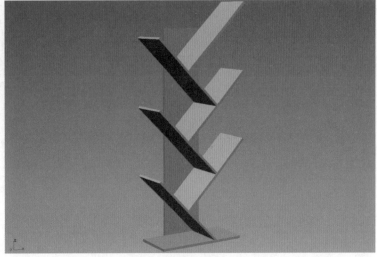

图 2-56

课后作业

为了让用户能够更好地掌握本章所学的知识，下面安排了一些 Autodesk、ACAA 认证考试的参考试题，让用户可以对所学的知识进行巩固和练习。

一、填空题

1. 3ds Max 中提供了三种复制方式，分别是_____、_____、_____。
2. _____变形命令用于产生适配变形。
3. 默认状态下，按住_____键可以锁定所选物体，以便对所选对象进行编辑。
4. _____命令可以将创建好的场景压缩打包。

二、选择题

1. 3ds Max "保存" 命令可以保存的文件类型是（   ）。
A. MAX   B. DXF   C. DWG   D. 3DS
2. 3ds Max 默认的对齐快捷键是（   ）。
A. W   B. Shift+J   C. Alt+A   D. Ctrl+DC
3. 复制关联物体的选项是（   ）。
A. "复制"   B. "参考"   C. "实例"   D. 以上都不是
4. 下列（   ）命令可以将 3ds Max 的工作界面复位到初始状态。
A. "新建"   B. "合并"   C. "导入"   D. "重置"

三、操作题

1. 本实例将利用 "阵列" 等命令创建旋转楼梯模型，效果参考如图 2-57 所示。
2. 本实例将利用 "复制" "缩放" 等命令创建大桥模型，效果参考如图 2-58 所示。

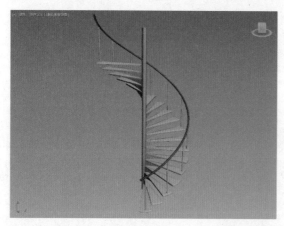

图 2-57

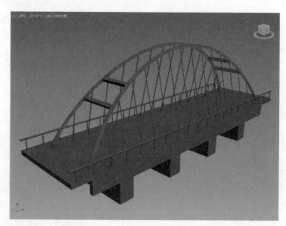

图 2-58

第<3>章 —————

基础建模

内容导读

三维建模是三维设计的第一步，是三维世界的核心和基础。没有一个好的模型，一切好的效果都难以呈现。3ds Max 具有多种建模手段，本章主要讲述的是其内置的样条线和几何体建模，即样条线、标准基本体、扩展基本体的创建。

通过对本章内容的学习，用户可以了解基本的建模方法与技巧，为后面章节的知识学习做好进一步的准备。

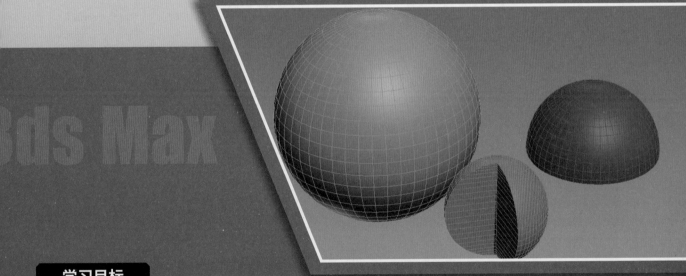

学习目标

» 掌握样条线的创建

» 掌握标准基本体的创建

» 掌握扩展基本体的创建

3.1 样条线

3ds Max 中提供了 12 种样条线类型，如线、矩形、圆、椭圆、弧、圆环等，如图 3-1 所示。利用样条线可创建三维建模实体，所以掌握样条线的创建是非常必要的。

3.1.1 线

线在样条线中比较特殊，没有可编辑的参数，只能利用顶点、线段和样条线子层级进行编辑。单击鼠标左键时，若立即松开便形成折角，若继续拖动一段距离后再松开便形成圆滑的圆角，如图 3-2、图 3-3 所示。

在"几何体"卷展栏中，由"角点"所定义的点形成的线是折线，由"平滑"所定义的节点形成的线是圆滑相接的曲线，由"Bezier"（贝塞尔）所定义的节点形成的线是依照 Bezier 算法得出的曲线，可通过移动一点的切线控制柄来调节经过该点的曲线形状，卷展栏如图 3-4 所示。

图 3-1

图 3-2

图 3-3

图 3-4

下面介绍"几何体"卷展栏中常用选项的含义。

◎ 创建线：在此样条线的基础上再加线。

◎ 断开：将一个顶点断开成两个。

◎ 附加：将两条线转换为一条线。

◎ 优化：可在线条上任意加点。

◎ 焊接：将断开的点焊接起来，"连接"和"焊接"的作用是一样的，只不过"连接"必须是重合的两点。

◎ 插入：不但可以插入点，还可以插入线。

◎ 熔合：表示将两个点重合，但还是两个点。

◎ 圆角：给直角一个圆滑度。

◎ 切角：将直角切成一条直线。

◎ 隐藏：把选中的点隐藏起来，但还是存在的。而"全部取消隐藏"是把隐藏的点都显示出来。

◎ 删除：删除不需要的点。

■ 3.1.2 其他样条线

掌握线的创建操作后，其他样条线的创建就相对简单了许多，下面对其进行介绍。

1. 矩形

矩形常用于创建简单家具的拉伸原形。关键参数有"可渲染""步数""长度""宽度"和"角半径"，其中常用选项的含义介绍如下。

◎ 长度：设置矩形的长度。

◎ 宽度：设置矩形的宽度。

◎ 角半径：设置角半径的大小。

单击"矩形"按钮，在顶视图中按住左键并拖动鼠标即可创建矩形样条线，如图 3-5 所示。进入"修改"命令面板，在"参数"卷展栏中可以设置样条线的参数，如图 3-6 所示。

图 3-5

图 3-6

2. 圆 / 椭圆

在"图形"命令面板中单击"圆"按钮。在任意视图中按住左键并拖动鼠标即可创建圆形样条线，如图 3-7 所示。

创建椭圆样条线和圆形样条线的方法类似，通过"参数"卷展栏可设置半轴的长度和宽度，如图 3-8 所示。

图 3-7

图 3-8

> **知识拓展**
>
> 使用 3ds Max 创建对象时，在不同的视口创建物体的轴是不一样的，在对物体进行操作时会产生细小的区别。

3. 圆环

圆环需要设置内框线和外框线，在"图形"命令面板中单击"圆环"按钮，在顶视图中按住左键并拖动鼠标创建圆环外框线，释放鼠标左键并拖动鼠标，即可创建圆环内框线，如图 3-9 所示。单击鼠标左键完成创建圆环操作，在"参数"卷展栏中可以设置"半径 1"和"半径 2"的大小，如图 3-10 所示。

图 3-9

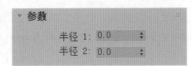

图 3-10

4. 多边形 / 星形

多边形和星形属于多线段的样条线图形，通过边数和点数可设置样条线的形状，如图 3-11、图 3-12 所示。

在"参数"卷展栏中有设置多边形的选项，如图 3-13、图 3-14 所示。下面具体介绍各选项的含义。

◎ 半径：设置多边形半径的大小。

◎ 内接和外接：内接是指多边形的中心点到角点之间的距离为内切圆的半径，外接是指多边形的中心点到角点之间的距离为外切圆的半径。

图 3-11

图 3-12

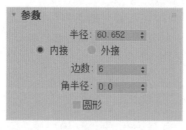

图 3-13

图 3-14

◎ 边数：设置多边形边数。数值范围为 3 ～ 100，默认边数为 6。

◎ 角半径：设置圆角半径大小。

◎ 圆形：勾选该复选框，多边形即可变成圆形。

设置星形的选项由"半径 1""半径 2""点""扭曲"等组成。下面具体介绍各选项的含义。

◎ 半径 1、半径 2：设置星形的内半径、外半径。

◎ 点：设置星形的顶点数目，默认情况下，创建星形的点数目为 6。数值范围为 3 ～ 100。

◎ 扭曲：设置星形的扭曲程度。

◎ 圆角半径 1、圆角半径 2：设置星形内圆环、外圆环上的圆角半径大小。

> **知识拓展**
>
> 在创建星形半径 2 时，向内拖动，可将第一个半径作为星形的顶点；或者向外拖动，将第二个半径作为星形的顶点。

5. 文本

在设计过程中，许多方面都需要创建文本，如店面名称、商品的品牌等。在"图形"命令面板中单击"文本"按钮，然后在视图中单击即可创建一个默认的文本，文本内容为"MAX 文本"，如图 3-15 所示。在其"参数"卷展栏中用户可对文本的字体、大小、特性等进行设置，如图 3-16 所示。

图 3-15

3ds Max 建模课堂实录

图 3-16

图 3-17

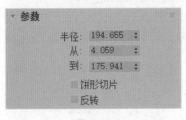

图 3-18

知识拓展

在创建较为复杂的场景时，为模型起一个标志性的名称，会给接下来的操作带来很大的便利。

6. 弧

利用"弧"样条线可以创建圆弧和扇形，创建的弧形可以通过修改器生成带有平滑圆角的图形。

在"图形"命令面板上单击"弧"按钮，在绘图区按住并拖动鼠标左键创建线段，释放鼠标左键后上下拖动鼠标或者左右拖动鼠标可显示弧线，再次单击鼠标左键确认，完成弧的创建，如图 3-17 所示。

在命令面板下方的"创建方法"卷展栏中，可设置样条线的创建方式，在"参数"卷展栏中可设置弧样条线的各参数，如图 3-18 所示。

下面具体介绍各选项的含义。

◎ 端点-端点-中央：设置"弧"样条线以端点-端点-中央的方式进行创建。

◎ 中央-端点-端点：设置"弧"样条线以中央-端点-端点的方式进行创建。

◎ 半径：设置弧形的半径。

◎ 从：设置弧形样条线的起始角度。

◎ 到：设置弧形样条线的终止角度。

◎ 饼形切片：勾选该复选框，创建的弧形样条线会更改成封闭的扇形。

◎ 反转：勾选该复选框，可反转弧形，生成弧形所属圆周另一半的弧形。

7. 螺旋线

利用螺旋线图形工具可创建弹簧及旋转楼梯扶手等不规则的圆弧形状，如图 3-19 所示。螺旋线可以通过"半径1""半径2""高度""圈数""偏移""顺时针"和"逆时针"等选项进行设置，其"参数"卷展栏如图 3-20 所示。

图 3-19

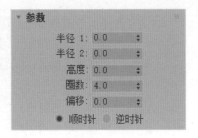

图 3-20

下面具体介绍各选项的含义。

◎ 半径1、半径2：设置螺旋线的半径。

◎ 高度：设置螺旋线在起始圆环和结束圆环之间的高度。

◎ 圈数：设置螺旋线的圈数。

◎ 偏移：设置螺旋线段偏移距离。

◎ 顺时针和逆时针：设置螺旋线的旋转方向。

3.2 标准基本体

复杂的模型都是由许多标准基本体组合而成的，所以学习如何创建标准基本体是非常关键的。标准基本体是最简单的三维物体，在视图中按住并拖动鼠标左键即可创建标准基本体。

用户可以通过以下方式调用创建标准基本体命令。

◎ 执行"创建"|"标准"|"基本体"命令。

◎ 在命令面板中单击"创建"按钮 ，然后在其下方单击"几何体"按钮 ，打开"几何体"命令面板，并在该命令面板中的"对象类型"卷展栏中单击相应的标准基本体按钮。

■ 3.2.1 长方体

长方体是基础建模应用最广泛的标准基本体之一，现实中与长方体接近的物体很多，可使用长方体创建出很多模型，如方桌、墙体等，同时还可将长方体用作多边形建模的基础物体。

利用"长方体"命令可创建出长方体或立方体，如图3-21、图3-22所示。

用户可通过"参数"卷展栏设置长方体的"长度""宽度""高度"等参数，如图3-23所示。下面介绍各参数选项的含义。

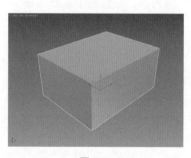

图 3-21

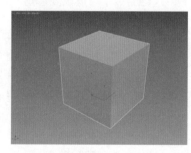

图 3-22

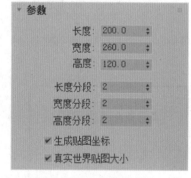

图 3-23

◎ 立方体：单击该按钮，可创建立方体。

◎ 长方体：单击该按钮，可创建长方体。

◎ 长度、宽度、高度：设置长方体的长度数值，拖动鼠标创建长方体时，列表框中的数值会随之更改。

◎ 长度分段、宽度分段、高度分段：设置各轴上的分段数量。

◎ 生成贴图坐标：为创建的长方体生成贴图材质坐标，默认为启用。

◎ 真实世界贴图大小：贴图大小由绝对尺寸决定，与对象相对尺寸无关。

在创建长方体时，按住Ctrl键并拖动鼠标，可以将创建的长方体的地面宽度和长度保持一致，再调整高度即可创建具有正方形底面的长方体。

3.2.2 球体

不论是建筑建模，还是工业建模，球形结构都是必不可少的一种结构。在 3ds Max 中可以创建完整的球体，也可以创建半球或球体的其他部分，如图 3-24 所示。单击"球体"按钮，在命令面板下方打开球体"参数"卷展栏，如图 3-25 所示。

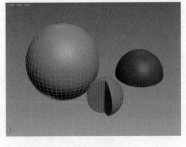

图 3-24

下面具体介绍"参数"卷展栏中各选项的含义。

◎ 半径：设置球体半径的大小。

◎ 分段：设置球体的分段数目，设置分段会形成网格线，分段数值越大，网格密度越大。

◎ 平滑：将创建的球体表面进行平滑处理。

◎ 半球：创建部分球体，定义半球数值，可定义减去创建球体的百分比数值。有效数值在 0.0 ～ 1.0。

◎ 切除：通过半球断开时将球体中的顶点和面去除来减少它们的数量，默认为启用。

◎ 挤压：保持球体的顶点数和面数不变，将几何体向球体的顶部挤压为半球体的体积。

◎ 启用切片：勾选该复选框，可以启用切片功能，从起始角度和终止角度创建球体。

◎ 切片起始位置和切片结束位置：勾选"启用切片"复选框时，即可激活"切片起始位置"和"切片结束位置"列表框，并可设置切片的起始角度和终止角度。

◎ 轴心在底部：将轴心设置为球体的底部。默认为禁用状态。

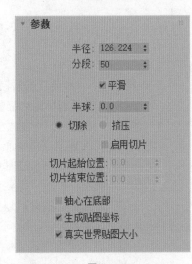

图 3-25

3.2.3 圆柱体

圆柱体在现实场景中很常见，比如玻璃杯和桌腿等。和创建球体类似，用户可创建完整的圆柱体或者圆柱体的一部分，如图 3-26 所示。在"几何体"命令面板中单击"圆柱体"按钮后，在命令面板下方会弹出圆柱体的"参数"卷展栏，如图 3-27 所示。

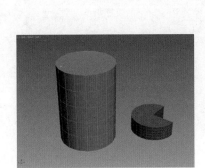

图 3-26

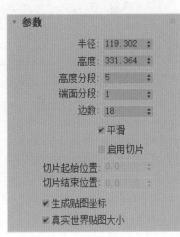

图 3-27

下面具体介绍"参数"卷展栏中主要选项的含义。

◎ 半径：设置圆柱体的半径大小。

◎ 高度：设置圆柱体的高度值，在数值为负数时，将在构造平面下方进行创建圆柱体。

◎ 高度分段：设置圆柱体高度上的分段数值。

◎ 端面分段：设置圆柱体顶面和底面中心的同心分段数量。

◎ 边数：设置圆柱体周围的边数。

■ 3.2.4 圆环

圆环可用于创建环形或具有圆形横截面的环状物体。创建圆环的方法和其他标准基本体有许多相同点，用户可创建完整的圆环，也可创建圆环的一部分，如图 3-28 所示。在命令面板中单击"圆环"按钮后，在命令面板下方将弹出"参数"卷展栏，如图 3-29 所示。

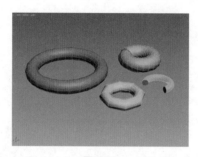

图 3-28

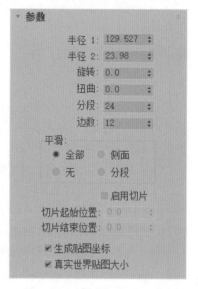

图 3-29

下面具体介绍"参数"卷展栏中主要选项的含义。

◎ 半径 1：设置圆环轴半径的大小。

◎ 半径 2：设置截面半径大小，定义圆环的粗细程度。

◎ 旋转：将圆环顶点围绕通过环形中心的圆形旋转。

◎ 扭曲：决定每个截面扭曲的角度，产生扭曲的表面，如果数值设置不当，就会产生只扭曲第一段的情况，此时只需要将扭曲值设置为 360.0，或者勾选下方的"启用切片"即可。

◎ 分段：设置圆环的分数划分数目，值越大，得到的圆形越光滑。

◎ 边数：设置圆环上下方向上的边数。

◎ 平滑：在"平滑"选项组中包括"全部""侧面""无"和"分段"4 个选项。全部：对整个圆环进行平滑处理。侧面：平滑圆环侧面。无：不进行平滑操作。分段：平滑圆环的每个分段，沿着环形生成类似环的分段。

■ 3.2.5 圆锥体

圆锥体大都用于创建天台、吊坠等模型，利用"参数"卷展栏中的选项，可将圆锥体定义成许多形状，如图 3-30 所示。在"几何体"命令面板中单击"圆锥体"按钮，命令面板下方将弹出圆锥体的"参数"卷展栏，如图 3-31 所示。

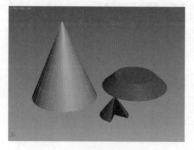

图 3-30

图 3-31

下面具体介绍"参数"卷展栏中主要选项的含义。

◎ 半径1：设置圆锥体的底面半径大小。

◎ 半径2：设置圆锥体的顶面半径，当半径值为0时，圆锥体将更改为尖顶圆锥体；当半径值大于0时，圆锥体将更改为平顶圆锥体。

◎ 高度：设置圆锥体主轴的分段数。

◎ 高度分段：设置圆锥体的高度分段。

◎ 端面分段：设置围绕圆锥体顶面和底面的中心同心分段数。

◎ 边数：设置圆锥体的边数。

◎ 平滑：勾选该复选框，圆锥体将进行平滑处理，在渲染中形成平滑的外观。

◎ 启用切片：勾选该复选框，激活"切片起始位置"和"切片结束位置"列表框，在其中可设置切片的角度。

■ 3.2.6 几何球体

几何球体是由三角形面拼接而成的，其创建方法和球体的创建方法一致，在命令面板中单击"几何球体"按钮后，在任意视图中按住并拖动鼠标左键即可创建几何球体，如图3-32所示。单击"几何球体"按钮后，将弹出"参数"卷展栏，如图3-33所示。

图3-32

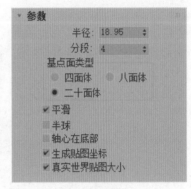

图3-33

下面具体介绍"参数"卷展栏中主要选项的含义。

◎ 半径：设置几何球体的半径大小。

◎ 分段：设置几何球体的分段。设置分段数值后，将创建网格，数值越大，网格密度越大，几何球体越圆滑。

◎ 基本面类型：基本面类型分为"四面体""八面体""二十面体"3种选项，这些选项分别代表相应的几何球体的面值。

◎ 平滑：勾选该复选框，渲染时平滑显示几何球体。

◎ 半球：勾选该复选框，将几何球体设置为半球状。

◎ 轴心在底部：勾选该复选框，几何球体的中心将设置为底部。

■ 3.2.7 管状体

管状体的外形与圆柱体相似，不过管状体是空心的，主要应用于管道类模型的制作，如图3-34所示。其创建方法非常简单，在"几何体"命令面板中单击"管状体"按钮，在命令面板下方将弹出"参数"卷展栏，如图3-35所示。

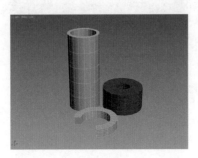

图3-34

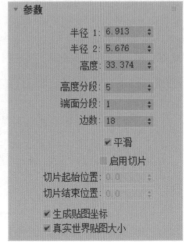

图3-35

下面具体介绍其"参数"卷展栏中主要选项的含义。

◎ 半径1、半径2：设置管状体的底面圆环的内径和外径的大小。

◎ 高度：设置管状体高度。

◎ 高度分段：设置管状体高度分段的精度。

◎ 端面分段：设置管状体端面分段的精度。

◎ 边数：设置管状体的边数，值越大，渲染的管状体越平滑。

◎ 平滑：勾选该复选框，将对管状体进行平滑处理。

◎ 启用切片：勾选该复选框，激活"切片起始位置"和"切片结束位置"列表框，在其中可以设置切片的角度。

■ 3.2.8 茶壶

茶壶是标准基本体中唯一完整的三维模型实体，按住并拖动鼠标左键即可创建茶壶的三维实体，如图3-36所示。在命令面板中单击"茶壶"按钮后，命令面板下方会显示"参数"卷展栏，如图3-37所示。

图 3-36

图 3-37

下面具体介绍"参数"卷展栏中主要选项的含义。

◎ 半径：设置茶壶的半径大小。

◎ 分段：设置茶壶及单独部件的分段数。

◎ 茶壶部件：在"茶壶部件"选项组中包括"壶体""壶把""壶嘴""壶盖"4个茶壶部件，不勾选相应部件，则在视图区将不显示该部件。

■ 3.2.9 平面

平面是一种没有厚度的长方体，在渲染时可以无限放大，如图3-38所示。平面常用来创建大型场景的地面或墙体。此外，用户可为平面模型添加噪波等修改器，来创建陡峭的地形或波涛起伏的海面。

在"几何体"命令面板中单击"平面"按钮，命令面板下方将显示"参数"卷展栏，如图3-39所示。

图 3-38

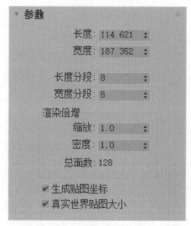

图 3-39

下面具体介绍"参数"卷展栏中主要选项的含义。

◎ 长度：设置平面的长度。

◎ 宽度：设置平面的宽度。

◎ 长度分段：设置长度的分段数量。

◎ 宽度分段：设置宽度的分段数量。

◎ 渲染倍增："渲染倍增"选项组包括"缩放""密度""总面数"3个选项。缩放：指定平面几何体的长度和宽度在渲染时的倍增数，从平面几何体中心向外缩放。密度：指定平面几何体的长度和宽度分段数在渲染时的倍增数。总面数：显示创建平面物体中的总面数。

■ 实例：创建简约茶几模型

本案例中将利用样条线与基本标准体创建一个简约茶几模型，具体操作步骤介绍如下。

Step01 在"样条线"面板中单击"圆"按钮，在顶视图中创建半径为300mm的圆作为茶几边框，如图3-40所示。

Step02 打开"渲染"卷展栏，勾选"在渲染中启用"和"在视口中启用"复选框，选中"矩形"单选按钮，再设置长度和宽度均为10mm，如图3-41所示。

Step03 设置渲染参数后的效果如图3-42所示。

| 图 3-40 | 图 3-41 | 图 3-42 |

Step04 右击"捕捉开关"按钮，打开"栅格和捕捉设置"对话框，勾选"轴心"复选框，在"标准基本体"面板中单击"圆柱体"按钮，捕捉轴心创建半径为295mm、高度为10mm、边数为28的圆柱体作为桌面，调整位置，如图3-43所示。

Step05 单击"长方体"按钮，创建一个尺寸为10mm×10mm×450mm的长方体，调整对象位置，如图3-44所示。

Step06 切换到顶视图，最大化视口，利用旋转工具选择长方体，在工具栏中单击"使用变换坐标中心"按钮，使旋转图标位于圆心位置，如图3-45所示。

图 3-43

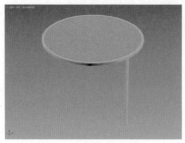

图 3-44

图 3-45

Step07 按住 Shift 键旋转对象，复制出两个长方体，制作出茶几的支柱，如图 3-46 所示。

Step08 再激活移动工具，按住 Shift 键将圆向下进行复制，作为茶几底座，制作出一个茶几模型，如图 3-47 所示。

Step09 选择茶几模型，在工具栏中单击"镜像"按钮，打开镜像对话框，选择镜像轴为 Y，再选中"复制"单选按钮，如图 3-48 所示。

Step10 单击"确定"按钮完成镜像复制，将复制的模型对象移出来，如图 3-49 所示。

Step11 选择镜像圆形，修改半径为 200mm；选择镜像圆柱体并修改半径为 195mm；选择镜像支柱并设置高度为 300mm，调整模型位置，如图 3-50 所示。

Step12 删除小茶几的底座，单击"圆弧"按钮，创建一个半径为 200mm 的圆弧，设置起点和端点，如图 3-51 所示。

Step13 调整模型位置，完成简约茶几模型的制作，如图 3-52 所示。

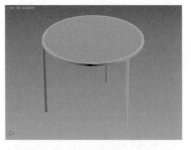

图 3-46

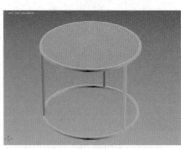

图 3-47

图 3-48

图 3-49

图 3-50

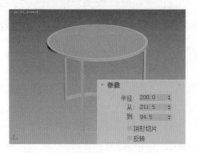

图 3-51

图 3-52

3.3 扩展基本体

扩展基本体是 3ds Max 复杂基本体的集合，可创建带有倒角、圆角和特殊形状的物体，和标准基本体相比，其较为复杂。用户可通过以下方式创建扩展基本体。

◎ 执行"创建"|"扩展基本体"命令。

◎ 在命令面板中单击"创建"按钮，然后单击"标准基本体"右侧的 ▾ 按钮，在弹出的列表框中选择"扩展基本体"选项，并在该列表框中单击相应的"扩展基本体"按钮。

> **知识拓展**
>
> 在 3ds Max 中，不论是标准基本体模型还是扩展基本体模型，都具有创建参数，用户可通过这些创建参数对几何体进行适当的变形处理。

■ 3.3.1 异面体

异面体是由多个边面组合而成的三维实体图形，可通过调节异面体边面的状态，或者实体面的数量改变其形状，如图 3-53 所示。在"扩展基本体"命令面板中单击"异面体"按钮后，在命令面板下方将弹出创建异面体"参数"卷展栏，如图 3-54 所示。

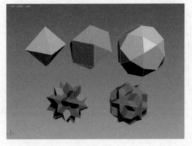

图 3-53

图 3-54

下面具体介绍"参数"卷展栏中各选项组的含义。

◎ 系列：该选项组包括"四面体""立方体 / 八面体""十二面体 / 二十面体""星形 1""星形 2"5 个选项。主要用于定义异面体的形状和边面的数量。

◎ 系列参数：系列参数中的"P"和"Q"两个参数控制异面体的顶点和轴线双重变换关系，两者之和不可以大于 1。

◎ 轴向比率："轴向比率"中的"P""Q""R"三个参数分别为其中一个面的轴线，设置相应的参数可以使该面凸出或者凹陷。

◎ 顶点：设置异面体的顶点。

◎ 半径：设置异面体的半径大小。

■ 3.3.2 切角长方体

切角长方体在创建模型中应用十分广泛，常被用于创建带有圆角的长方体结构，如图 3-55 所示。在"扩展基本体"命令面板中单击"切角长方体"按钮后，命令面板下方将弹出设置切角长方体的"参数"卷展栏，如图 3-56 所示。

下面具体介绍"参数"卷展栏中主要选项的含义。

◎ 长度、宽度：设置切角长方体底面或顶面的长度和宽度。

图 3-55　　　　　　图 3-56

◎ 高度：设置切角长方体的高度。

◎ 圆角：设置切角长方体的圆角半径。值越高，圆角半径越明显。

◎ 长度分段、宽度分段、高度分段、圆角分段：设置切角长方体分别在长度、宽度、高度和圆角上的分段数目。

■ 3.3.3 切角圆柱体

切角圆柱体是圆柱体的扩展物体，可快速创建出带圆角效果的圆柱体，如图 3-57 所示。创建切角圆柱体和创建切角长方体的方法相同，但在"参数"卷展栏中设置圆柱体的各参数有所不同，如图 3-58 所示。

下面具体介绍"参数"卷展栏中主要选项的含义。

◎ 半径：设置切角圆柱体的底面或顶面的半径大小。

图 3-57

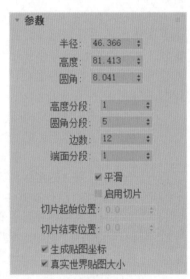

图 3-58

◎ 高度：设置切角圆柱体的高度。

◎ 圆角：设置切角圆柱体的圆角半径大小。

◎ 高度分段、圆角分段、端面分段：设置切角圆柱体高度、圆角和端面的分段数目。

◎ 边数：设置切角圆柱体边数，数值越大，圆柱体越平滑。

◎ 平滑：勾选"平滑"复选框，可在渲染中将创建的切角圆柱体进行平滑处理。

◎ 启用切片：勾选该复选框，将激活"切片起始位置"和"切片结束位置"列表框，在其中可以设置切片的角度。

3.3.4 油罐、胶囊、纺锤、软管

油罐、胶囊、纺锤是特殊效果的圆柱体，而软管则是一个能连接两个对象的弹性对象，因而能反映这两个对象的运动，如图 3-59 所示。

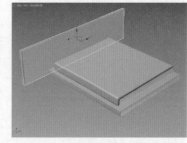

图 3-59

实例：创建双人床模型

本案例中将利用标准基本体创建一个双人床模型，具体操作步骤介绍如下。

Step01 单击"切角长方体"按钮，创建一个尺寸为 2250mm×1950mm×120mm 的切角长方体，设置圆角半径为 5mm、圆角分段为 5，如图 3-60 所示。

Step02 向上复制对象，并设置尺寸为 2000mm×1800mm×200mm，设置圆角半径为 40mm、圆角分段为 10，如图 3-61 所示。

Step03 在"标准基本体"面板中单击"长方体"按钮，在前视图中创建一个尺寸为 3200mm×800mm×60mm 的长方体作为背板，如图 3-62 所示。

图 3-60

图 3-61

图 3-62

Step04 再创建一个尺寸为 450mm×600mm×450mm 的长方体作为床头柜，对齐到背板一侧，如图 3-63 所示。

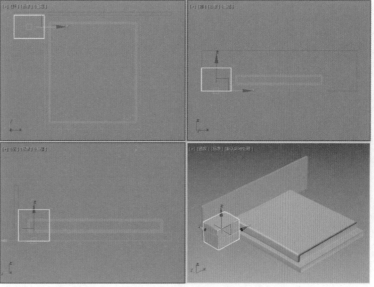

图 3-63

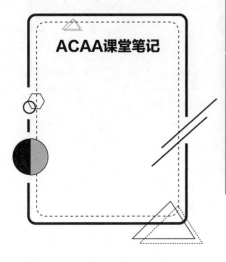

ACAA课堂笔记

Step05 创建一个尺寸为 580mm×200mm×10mm 的切角长方体作为抽屉挡板，设置圆角半径为 2mm、圆角分段为 5，如图 3-64 所示。

Step06 向下复制对象，制作出床头柜模型，如图 3-65 所示。

Step07 最后复制床头柜模型，调整模型颜色，完成本案例的操作，如图 3-66 所示。

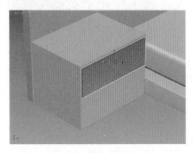

图 3-64

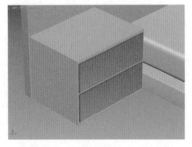

图 3-65

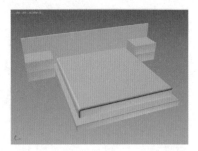

图 3-66

ACAA课堂笔记

3ds Max 建模课堂实录

课堂实战：创建摇椅模型

本案例中将利用样条线标准基本体、扩展基本体创建一个摇椅模型，具体操作步骤介绍如下。

Step01 单击"管状体"按钮，创建一个"半径 1"为 300mm、"半径 2"为 15mm 的管状体作为摇椅底座边框，设置分段为 50、边数为 30，如图 3-67 所示。

Step02 单击"切角圆柱体"按钮，创建一个半径为 290mm、高度为 45mm 的切角圆柱体作为摇椅底座，设置圆角半径为 20mm、圆角分段为 15、边数为 50，与管状体对齐，如图 3-68 所示。

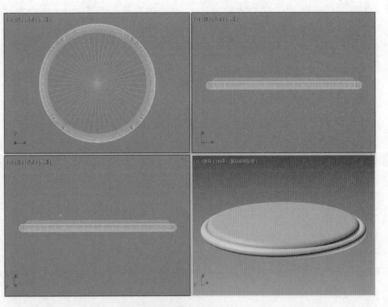

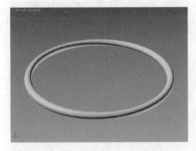

图 3-67

图 3-68

Step03 向上复制切角圆柱体，设置高度为 120mm、圆角半径为 60mm，作为坐垫，如图 3-69 所示。

Step04 单击"球体"按钮，创建一个半径为 15mm 的球体，调整其位置，如图 3-70 所示。

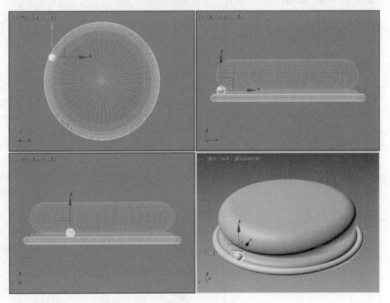

图 3-69

图 3-70

Step05 切换到顶视图，单击"使用变换坐标中心"按钮，调整坐标在坐垫的中心位置，如图 3-71 所示。

Step06 执行"工具"|"阵列"命令，打开"阵列"对话框，在"阵列变换"选项组中单击"旋转"右侧的按钮，设置 Z 轴角度为 -145 度，再设置阵列数量为 11，如图 3-72 所示。

图 3-71

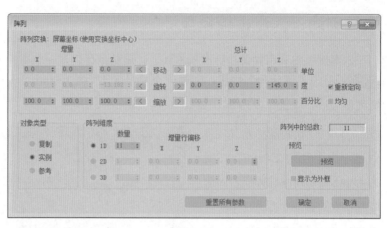

图 3-72

Step07 单击"预览"按钮，可以看到阵列效果，单击"确定"按钮，完成阵列复制操作，如图 3-73 所示。

Step08 选择正中的球体，向上复制，并在顶视图中沿 Y 轴移动，如图 3-74 所示。

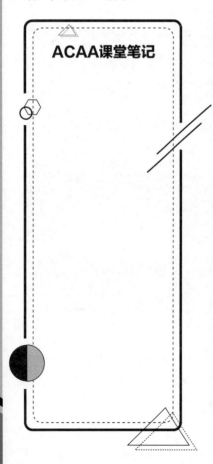

ACAA课堂笔记

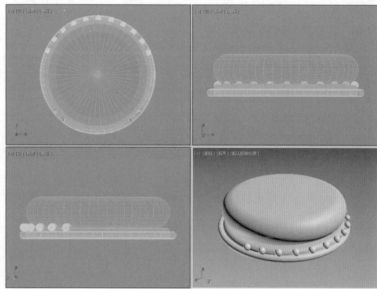

图 3-73

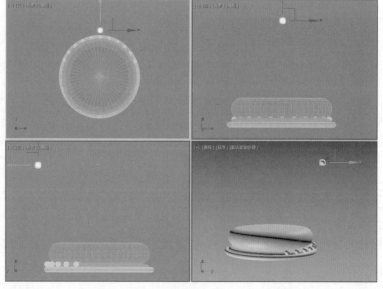

图 3-74

Step09 最大化顶视图，单击"使用变换坐标中心"按钮，执行"工具"|"阵列"命令，打开"阵列"对话框，在"阵列变换"选项组中单击"旋转"右侧的按钮，设置Z轴角度为−33度，再设置阵列数量为6，如图3-75所示。

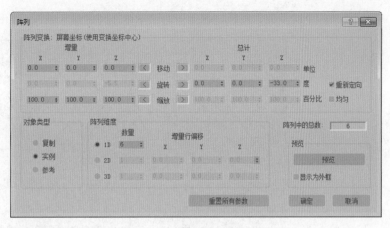

图 3-75

Step10 单击"确定"按钮，完成一侧的阵列复制操作，如图3-76所示。

Step11 按照上述操作方法，再为左侧阵列复制球体，如图3-77所示。

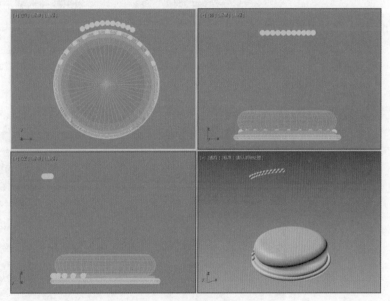

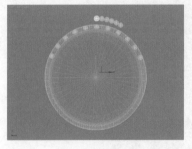

图 3-76

图 3-77

ACAA课堂笔记

Step12 单击"样条线"按钮，在上下两个球体之间创建一条线，如图 3-78 所示。

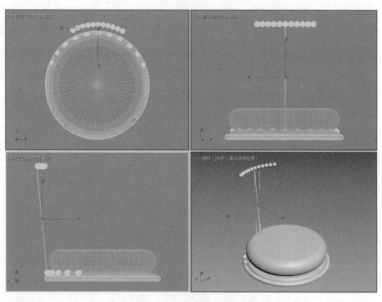

图 3-78

Step13 继续创建样条线，并调整顶点位置，使上下的球体相对应，如图 3-79 所示。

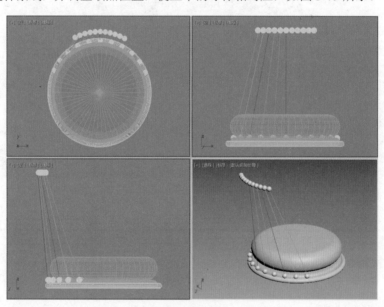

图 3-79

Step14 选择左侧五条样条线，利用"镜像"命令复制到右侧，如图 3-80 所示。

Step15 选择样条线，在"渲染"卷展栏中勾选"在渲染中启用"和"在视口中启用"复选框，再设置"径向"厚度为 12mm、边数为 12，如图 3-81 所示。

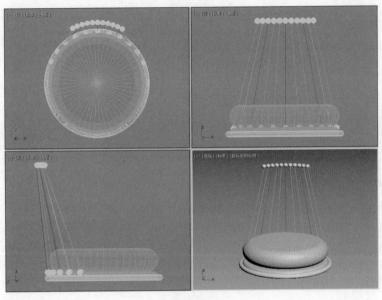

图 3-80   图 3-81

Step16 设置后的效果如图 3-82 所示。

Step17 照此方式再利用"线"和"镜像"功能创建"径向"厚度为 30mm 的椅子腿,如图 3-83 所示。

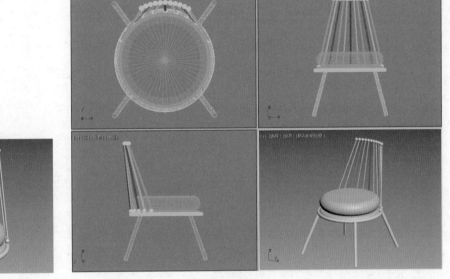

图 3-82   图 3-83

Step18 单击"弧"按钮,在左视图中创建"径向"厚度为 30mm 的弧线作为摇椅底座,至此完成摇椅模型的创建,如图 3-84 所示。

图 3-84

课后作业

为了让用户能够更好地掌握本章所学的知识，下面安排了一些 Autodesk、ACAA 认证考试的参考试题，让用户可以对所学的知识进行巩固和练习。

一、填空题

1. 3ds Max 中的模型是构成效果图场景的基本元素，其中_____和_____是最基本的模型。

2. 编辑样条曲线的过程中，只有进入了_____次物体级别，才可能使用轮廓线命令。若要将生成的轮廓线与原曲线拆分为两个二维图形，应使用_____命令。

3. 3ds Max 中面片的类型有_____和_____。

4. 标准基本体中的模型是制作效果图中常用的模型，包括_____、_____、_____、_____、_____、_____、_____、_____、_____、_____等。

二、选择题

1. 标准几何体中唯一没有高度的物体是（　　　　）。

A. 长方体　　　　　　　　B. 圆　　　　　　　　C. 圆环　　　　　　　　D. 平面

2. Splines 样条线共有（　　）种类型。

A. 9　　　　　　　　　　B. 10　　　　　　　　C. 11　　　　　　　　D. 12

3. 设置油罐切面数应使用（　　　）。

A. Blend　　　　　　　　B. Overall　　　　　　C. Centers　　　　　　D. Sides

4. Box 命令可以用于创建长方体，按住 Ctrl 键再拖动鼠标可以创建出（　　　　）。

A. 四面体　　　　　　　　B. 梯形　　　　　　　C. 正方形　　　　　　　D. 长方体

三、操作题

1. 本实例将利用"切角长方体""胶囊"等命令创建单人沙发模型，效果参考如图 3-85 所示。

2. 本实例将利用"长方体"等命令创建现代风格茶桌模型，效果参考如图 3-86 所示。

图 3-85

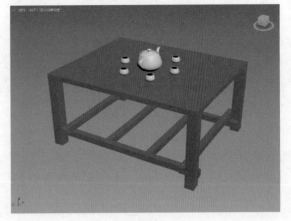

图 3-86

第 4 章

复杂建模

内容导读

在 3ds Max 中，除了内置的几何体模型外，用户也可以通过对二维图形的挤压、放样等操作来制作三维模型，还可以利用基础模型、面片、网格等来创建三维物体。本章将对这些建模技术进行介绍。

通过对本章内容的学习，用户可以更加全面地了解建模的方法，掌握各种建模的操作方法，从而高效地创建出自己想要的模型。

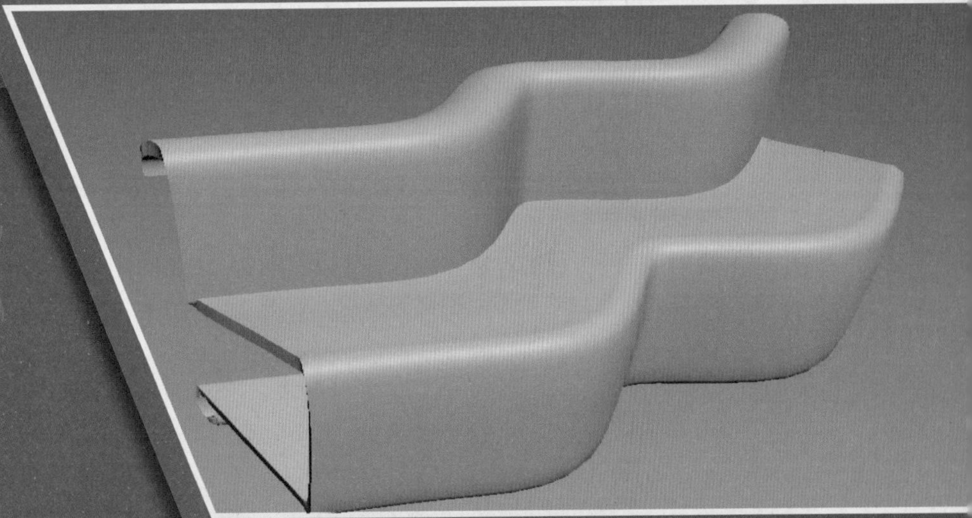

学习目标

» 熟悉可编辑网格的应用

» 掌握复合对象的创建

» 掌握修改器的应用

» 掌握 NURBS 对象的创建

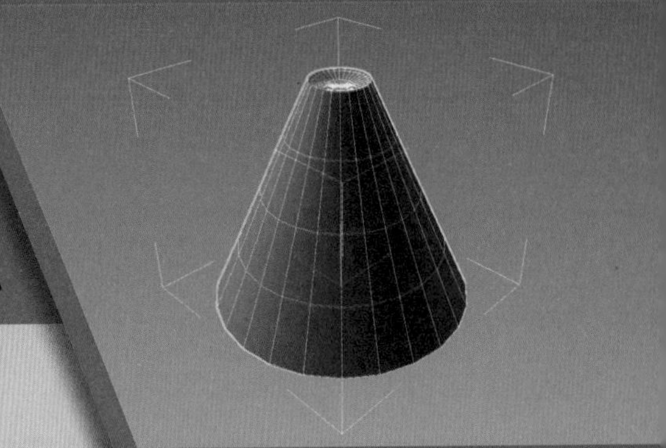

4.1 创建复合对象

可以结合两个或多个对象而创建一个新的参数化对象，这种对象被称为复合对象，用户可以不断编辑修改构成复合对象的参数。

在"创建"命令面板中选择"复合对象"选项，即可看到所有对象类型，其中包括变形、散布、一致、连接、水滴网格、图形合并、布尔、地形、放样、网格化、ProBoolean、ProCutter，如图 4-1 所示。

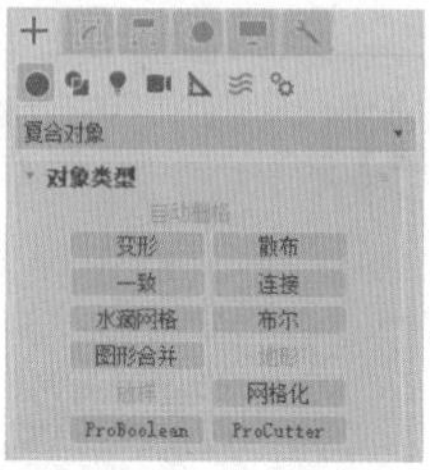

图 4-1

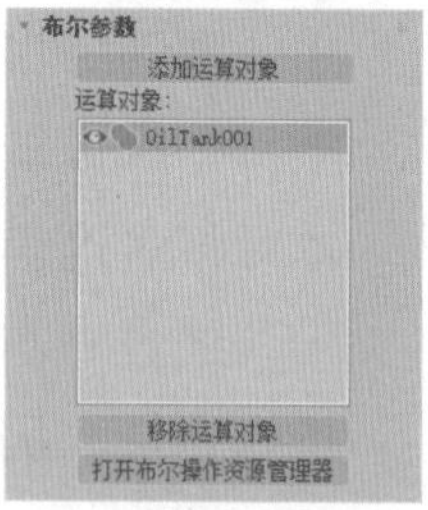

4.1.1 布尔

布尔是通过对两个以上的物体进行布尔运算，从而得到新的物体形态。布尔运算包括并集、交集、差集、合并等运算方式，利用不同的运算方式，会形成不同的物体形状。

在视口中选取源对象，接着在命令面板中单击"布尔"按钮，此时右侧会打开"布尔参数"和"运算对象参数"卷展栏，如图 4-2、图 4-3 所示。单击"添加运算对象"按钮，在"运算对象参数"卷展栏中选择运算方式，然后选取目标对象即可进行布尔运算。

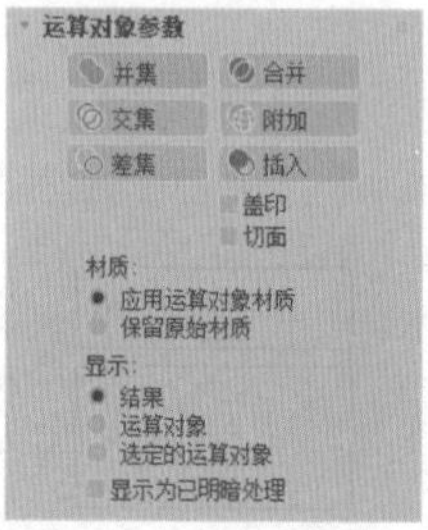

图 4-2

布尔运算类型包括并集、交集、差集、合并、附加、插入 6 种，具体介绍如下。

◎ 并集：结合两个对象的体积。几何体的相交部分或重叠部分会被丢弃。应用了"并集"操作的对象在视口中会以青色显示出其轮廓，如图 4-4、图 4-5 所示。

图 4-3

◎ 交集：使两个原始对象共同的重叠体积相交，剩余的几何体会被丢弃，如图 4-6、图 4-7 所示。

◎ 差集：从基础对象移除相交的体积，如图 4-8、图 4-9 所示。

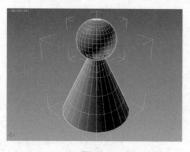

图 4-4

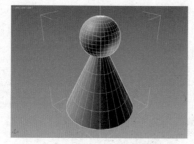

图 4-5

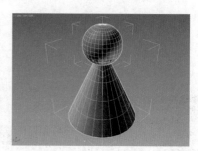

图 4-6

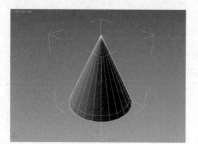

图 4-7

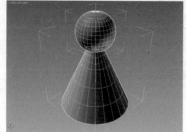

图 4-8

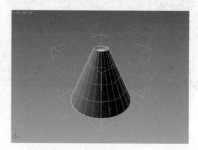

图 4-9

3ds Max 建模课堂实录

◎ 合并：使两个网格相交并组合，而不移除任何原始多边形。

◎ 附加：将多个对象合并成一个对象，而不影响各对象的拓扑。

◎ 插入：从操作对象 A 减去操作对象 B 的边界图形，操作对象 B 的图形不受此操作的影响。

4.1.2 放样

放样是将二维图形作为横截面，沿着一定的路径生成三维模型，所以只可以对样条线进行放样。同一路径上可以在不同段给予不同的截面，从而实现很多复杂模型的构建。

选择横截面，在"复合对象"面板中单击"放样"按钮，在右侧的"创建方法"卷展栏中单击"获取路径"按钮，接着在视口中单击路径即可完成放样操作。如果先选择路径，则需要在"创建方法"卷展栏中单击"获取图形"按钮并拾取路径。其参数面板主要包括"曲面参数""路径参数""蒙皮参数"三个卷展栏，如图 4-10 所示。

图 4-10

常用选项含义介绍如下。

◎ 路径：通过输入值或拖动微调器来设置路径的级别。

◎ 图形步数：设置横截面图形的每个顶点之间的步数。该值会影响围绕放样周界的边的数目。

◎ 路径步数：设置路径的每个主分段之间的步数。该值会影响沿放样长度方向的分段的数目。

◎ 优化图形：如果启用该选项，则对于横截面图形的直分段，忽略"路径步数"。

4.2 修改器建模

修改器是用于修改场景中几何体的工具，根据参数的设置来修改对象。同一对象可以添加多个修改器，后一个修改器接收前一个修改器传递来的参数，且添加修改器的次序对最后的结果影响很大。3ds Max 中提供了多种修改器，常用的有挤出、车削、扭曲、晶格、细化等。

4.2.1 "挤出"修改器

"挤出"修改器可以将绘制的二维样条线挤出厚度，从而产生三维实体，如果绘制的线段为封闭的，即可挤出带有地面面积的三维实体；若绘制的线段不是封闭的，那么挤出的实体则是片状的。

"挤出"修改器可以使二维样条线沿 Z 轴方向伸长,"挤出"修改器的应用十分广泛,许多图形都可以先绘制线,然后再挤出图形,最后形成三维实体。在使用"挤出"修改器后,命令面板下方将弹出"参数"卷展栏,如图 4-11 所示。

下面具体介绍"参数"展卷栏中各选项组的含义。

◎ 数量:设置挤出实体的厚度。

◎ 分段:设置挤出厚度上的分段数量。

◎ 封口:该选项组主要设置在挤出实体的顶面和底面上是否封盖实体。"封口始端"在顶端加面封盖物体,"封口末端"在底端假面封盖物体。

◎ 变形:用于变形动画的制作,保证点面数恒定不变。

◎ 栅格:对边界线进行重新排列处理,以最精简的点面数来获取优秀的模型。

◎ 输出:设置挤出的实体输出模型的类型。

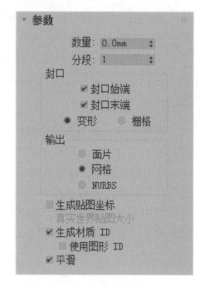

图 4-11

◎ 生成贴图坐标:为挤出的三维实体生成贴图材质坐标。勾选该复选框,将激活"真实世界贴图大小"复选框。

◎ 真实世界贴图大小:贴图大小由绝对坐标尺寸决定,与对象相对尺寸无关。

◎ 生成材质 ID:自动生成材质 ID,设置顶面材质 ID 为 1,底面材质 ID 为 2,侧面材质 ID 则为 3。

◎ 使用图形 ID:勾选该复选框,将使用线形的材质 ID。

◎ 平滑:将挤出的实体平滑显示。

■ 4.2.2 "车削"修改器

"车削"修改器可以将绘制的二维样条线旋转一周,生成旋转体,用户也可以设置旋转角度,更改实体旋转效果。

"车削"修改器通过旋转绘制的二维样条线创建三维实体,该修改器用于创建中心放射物体,在使用"车削"修改器后,命令面板下方将显示"参数"卷展栏,如图 4-12 所示。

下面具体介绍"参数"卷展栏中各选项组的含义。

◎ 度数:设置车削实体的旋转度数。

◎ 焊接内核:将中心轴向上重合的点进行焊接精减,以得到结构相对简单的模型。

◎ 翻转法线:将模型表面的法线方向反向。

◎ 分段:设置车削线段后,旋转出的实体上的分段,值越高实体表面越光滑。

◎ 封口:该选项组主要设置在挤出实体的顶面和底面上是否封盖实体。

◎ 方向:该选项组设置实体进行车削旋转的坐标轴。

◎ 对齐:此区域用于控制曲线旋转式的对齐方式。

◎ 输出:设置挤出的实体输出模型的类型。

◎ 生成材质 ID:自动生成材质 ID,设置顶面材质 ID 为 1,底面材质 ID 为 2,侧面材质 ID 则为 3。

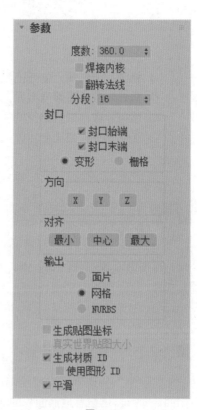

图 4-12

◎ 使用图形 ID：勾选该复选框，将使用线形的材质 ID。

◎ 平滑：将挤出的实体平滑显示。

■ **实例：创建花瓶模型**

本案例中将利用"车削"修改器创建一个花瓶模型，具体操作步骤介绍如下。

Step01 单击"线"按钮，在前视图中创建一个样条线轮廓，如图 4-13 所示。

Step02 在"修改"面板中打开堆栈，进入"顶点"子层级，选中如图 4-14 所示的顶点。

Step03 单击鼠标右键，将其转换为 Bezier 角点，再调整控制柄，如图 4-15 所示。

图 4-13

图 4-14

图 4-15

Step04 进入"样条线"子层级，在"几何体"卷展栏中设置"轮廓"值为 2mm，为样条线添加轮廓，如图 4-16 所示。

Step05 进入"顶点"子层级，选择如图 4-17 所示的顶点。

Step06 在"几何体"卷展栏中单击"圆角"按钮，调整顶点圆角效果，如图 4-18 所示。

图 4-16

图 4-17

图 4-18

Step07 为样条线添加"车削"修改器，初始效果如图 4-19 所示。

Step08 在"参数"卷展栏中单击"最大"按钮，再设置"分段"数为 8，完成花瓶模型的制作，如图 4-20 所示。

图 4-19

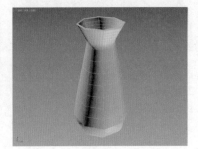
图 4-20

■ **4.2.3 "弯曲"修改器**

"弯曲"修改器可以使物体进行弯曲变形，用户也可以设置弯曲角度和方向等，还可以将修改限制在指定的范围内。该项修改器常被用于管道变形和人体弯曲等。

打开修改器列表框，单击"弯曲"选项，即可调用"弯曲"修改器。在调用"弯曲"修改器后，命令面板下方将弹出修改弯曲值的"参数"卷展栏，如图 4-21 所示。

下面具体介绍"参数"卷展栏中各选项组的含义。

◎ 弯曲：控制实体的角度和方向值。

◎ 弯曲轴：控制弯曲的坐标轴向。

◎ 限制：限制实体弯曲的范围。勾选"限制效果"复选框，将激活"限制"命令，在"上限"和"下限"选项框中设置限制范围即可完成限制效果。

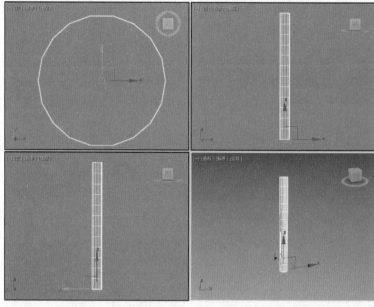

图 4-21

■ 实例：创建水龙头模型

下面将主要运用"弯曲"修改器来创建水龙头模型，具体操作介绍如下。

Step01 单击"圆柱体"按钮，创建圆柱体，设置半径为15mm、高为400mm、高度分段数为 12，如图 4-22 所示。

Step02 复制圆柱体，为圆柱体添加"弯曲"修改器，在"参数"卷展栏中设置角度为 160 度、弯曲轴为 Z 轴，效果如图 4-23 所示。

图 4-22

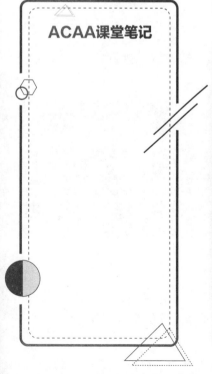

ACAA课堂笔记

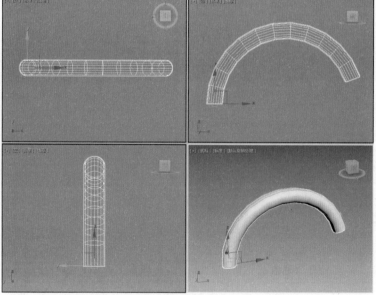

图 4-23

Step03 将弯曲后的圆柱体对齐放在圆柱体合适的位置，如图 4-24 所示。

Step04 单击"切角圆柱体"按钮，设置半径为 40mm、高度为 180mm、圆角半径为 5mm，创建切角圆柱体，放在圆柱体的下方，如图 4-25 所示。

Step05 向下复制切角圆柱体，设置半径为 55mm、高度为 20mm，如图 4-26 所示。

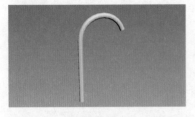

图 4-24

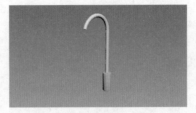

图 4-25

图 4-26

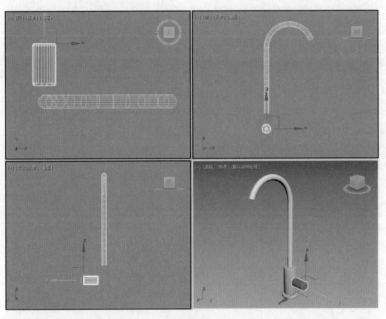

图 4-27

Step06 单击"切角圆柱体"按钮，创建一个半径为 25mm、高为 90mm、圆角半径为 5mm 的切角圆柱体，如图 4-27 所示。

Step07 复制刚创建的切角圆柱体，并修改其颜色，如图 4-28 所示。

Step08 单击"圆柱体"按钮，创建一个半径为 7mm、高为 100mm 的圆柱体，放在合适位置，完成水龙头模型的绘制，如图 4-29 所示。

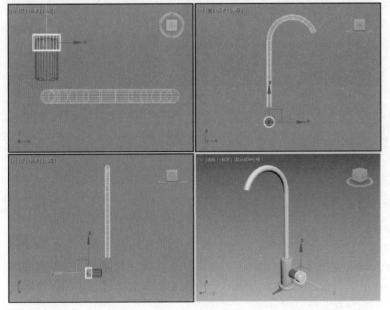

图 4-28

图 4-29

4.2.4 "扭曲"修改器

"扭曲"修改器可以在对象的几何体中心进行旋转，使其产生扭曲的特殊效果。其参数面板与"弯曲"修改器类似，如图4-30所示。

下面具体介绍"参数"卷展栏中各选项的含义。

- ◎ 角度：确定围绕垂直轴扭曲的量。
- ◎ 偏移：使扭曲旋转在对象的任意末端聚团。
- ◎ X/Y/Z：指定执行扭曲所沿着的轴。
- ◎ 限制效果：对扭曲效果应用限制约束。
- ◎ 上限：设置扭曲效果的上限。
- ◎ 下限：设置扭曲效果的下限。

图 4-30

4.2.5 "晶格"修改器

"晶格"修改器可以将创建的实体进行晶格处理，快速编辑创建的框架结构，在使用"晶格"修改器之后，命令面板下方将弹出"参数"卷展栏，如图4-31所示。

下面具体介绍"参数"卷展栏中常用选项的含义。

- ◎ 应用于整个对象：勾选该复选框，然后选择晶格显示的物体类型，该选项组包括"仅来自顶点的节点""仅来自边的支柱"和"二者"三个单选按钮，分别表示晶格显示是以顶点、支柱以及顶点和支柱显示。
- ◎ 半径：设置物体框架的半径大小。
- ◎ 分段：设置框架结构上物体的分段数值。
- ◎ 边数：设置框架结构上物体的边。
- ◎ 材质 ID：设置框架的材质 ID 号，通过设置可以实现物体不同位置赋予不同的材质。
- ◎ 平滑：使晶格实体后的框架平滑显示。
- ◎ 基点面类型：设置节点面的类型。其中包括四面体、八面体和二十面体。
- ◎ 半径：设置节点的半径大小。

图 4-31

4.2.6 FFD 修改器

FFD 修改器是对网格对象进行变形修改的最主要的修改器之一，其特点是通过控制点的移动带动网格对象表面产生平滑一致的变形。在使用 FFD 修改器后，命令面板下方将显示"参数"卷展栏，如图4-32所示。

下面具体介绍"参数"卷展栏中各选项的含义。

- ◎ 晶格：只显示控制点形成的矩阵。
- ◎ 源体积：显示初始矩阵。
- ◎ 仅在体内：只影响处在最小单元格内的面。

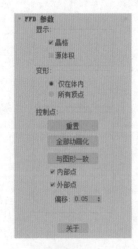

图 4-32

3ds Max 建模课堂实录

◎ 所有顶点：影响对象的全部节点。

◎ 重置：回到初始状态。

◎ 与图形一致：转换为图形。

◎ 内部点/外部点：仅控制受"与图形一致"影响的对象内/外部点。

◎ 偏移：设置偏移量。

■ 4.2.7 "壳"修改器

"壳"修改器可以使模型产生厚度效果，包括向内的厚度和向外的厚度。其"参数"卷展栏如图 4-33 所示。

下面具体介绍"参数"卷展栏中部分选项的含义。

◎ 内部量/外部量：以 3ds Max 通用单位表示的距离，按此距离从原始位置将内部曲面向内移动以及将外部曲面向外移动。

◎ 分段：每一边的细分值。

◎ 倒角边：启用该选项后，并制定"倒角样条线"，3ds Max 会使用样条线定义边的剖面和分辨率。

◎ 倒角样条线：选择此选项，然后选择打开样条线定义边的形状和分辨率。

◎ 覆盖内部材质 ID：启用此选项，使用"内部材质 ID"参数，为所有的内部曲面多边形制定材质 ID。

◎ 自动平滑边：使用"角度"参数，应用自动、基于角平滑到边面。

◎ 角度：在边面之间指定最大角，该边面由"自动平滑边"平滑。

图 4-33

■ 4.2.8 "细化"修改器

"细化"修改器会对当前选择的曲面进行细分。常在渲染曲面时使用，并为其他修改器创建附加的网格分辨率。如果子对象选择拒绝了堆栈，那么整个对象会被细化。其"参数"卷展栏如图 4-34 所示。

下面具体介绍"参数"卷展栏中部分选项的含义。

◎ 面：将选择作为三角形面集来处理。

◎ 多边形：拆分多边形面。

◎ 边：从面或多边形的中心到每条边的中点进行细分。

◎ 面中心：从面或多边形的中心到角顶点进行细分。

◎ 张力：决定新面在经过边细分后是平面、凹面还是凸面。

◎ 迭代次数：应用细分的次数。

图 4-34

■ 实例：创建笔筒模型

本案例中将利用本章所学知识创建一个笔筒模型，具体操作步骤介绍如下。

Step01 单击"切角圆柱体"按钮，创建一个半径为45mm、高度为3mm 的切角圆柱体，设置圆角半径为1.5mm、圆角分段数为5、边数为50，如图 4-35 所示。

Step02 右击"捕捉开关"按钮，打开"栅格和捕捉设置"对话框，勾选"轴心"复选框，如图 4-36 所示。

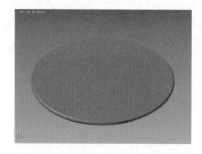

图 4-35

图 4-36

Step03 最大化显示所有视图，单击"圆柱体"按钮，捕捉切角圆柱体的中心创建一个半径为43.5mm、高度为90mm的圆柱体，再设置分段数及边数等参数，如图 4-37、图 4-38 所示。

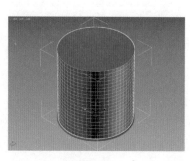

图 4-37

图 4-38

Step04 选择圆柱体并单击鼠标右键，在弹出的快捷菜单中选择"转换为"|"转换为可编辑网格"命令，将其转换为可编辑网格，进入"多边形"子层级，将顶部与底部的多边形删除，如图 4-39 所示。

Step05 为模型添加"细化"修改器，参数保持默认，模型效果如图 4-40 所示。

Step06 再为模型添加"扭曲"修改器，设置扭曲值为90，模型效果如图 4-41 所示。

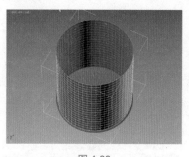

图 4-39

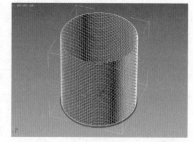

图 4-40

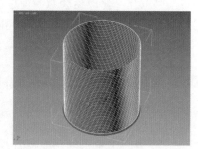

图 4-41

Step07 接着为模型添加"晶格"修改器，在"参数"卷展栏中设置支柱和节点的参数，如图 4-42 所示。

Step08 设置后的效果如图 4-43 所示。

Step09 最后创建一个半径 1 为 44mm、半径 2 为 1.5mm 的圆环，设置分段数为50、边数为30，对齐到模型顶部，完成笔筒模型的创建，如图 4-44 所示。

图 4-42

图 4-43

图 4-44

4.3 可编辑网格

可编辑网格是一种可变形对象，适用于创建简单、少边的对象或用于网格平滑和 HSDS 建模的控制网格。

4.3.1 转换为可编辑网格

像"编辑网格"修改器一样，在三种子对象层级上像操纵普通对象那样，提供由三角面组成的网格对象的操纵控制：顶点、边和面。用户可以将 3ds Max 中大多数对象转换为可编辑网格，但是对于开口样条线对象，只有顶点可用，因为在转换为网格时开放样条线没有面和边。用户可以通过以下方式将对象转换为可编辑网格。

选择对象并单击鼠标右键，在弹出的快捷菜单中选择"转换为"|"转换为可编辑网格"命令，如图 4-45 所示。

在修改堆栈中右击对象名，在弹出的快捷菜单中选择"可编辑网格"命令，如图 4-46 所示。

选择对象并在修改器列表中为其添加"编辑网格"修改器。

图 4-45

图 4-46

■ 4.3.2　可编辑网格参数面板

将模型转换为可编辑网格后，可以看到其子层级分别为顶点、边、面、多边形和元素五种。网格对象的参数面板共有四个卷展栏，分别是"选择"卷展栏、"软选择"卷展栏、"编辑几何体"卷展栏和"曲面属性"卷展栏，如图 4-47 所示。

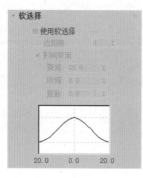

图 4-47

4.4 NURBS 建模

NURBS 建模是 3ds Max 建模方式之一，包括 NURBS 曲面和曲线。NURBS 表示非均匀有理数 B 样条线，是设计和建模曲面的行业标准，特别适合于为含有复杂曲线的曲面建模。

■ 4.4.1　认识 NURBS 对象

NURBS 对象包括曲线和曲面两种，如图 4-48、图 4-49 所示。NURBS 建模也就是创建 NURBS 曲线和 NURBS 曲面的过程，可以使以前实体建模难以达到的圆滑曲面的构建变得简单方便。

图 4-48

图 4-49

（1）NURBS 曲面。

NURBS 曲面包括点曲面和 CV 曲面两种，具体含义介绍如下。

◎ 点曲面：由点来控制模型的形状，每个点始终位于曲面的表面上。

◎ CV 曲面：由控制顶点来控制模型的形状，CV 形成围绕曲面的控制晶格，而不是位于曲面上。

（2）NURBS 曲线。

NURBS 曲线包括点曲线和 CV 曲线两种，具体含义介绍如下。

◎ 点曲线：由点来控制曲线的形状，每个点始终位于曲线上。

◎ CV 曲线：由控制顶点来控制曲线的形状，这些控制顶点不必位于曲线上。

■ 4.4.2 编辑 NURBS 对象

NURBS 对象的参数面板共有七个卷展栏，分别是"常规"卷展栏、"显示线参数"卷展栏、"曲面近似"卷展栏、"曲线近似"卷展栏、"创建点"卷展栏、"创建曲线"卷展栏、"创建曲面"卷展栏，如图 4-50 所示。

图 4-50

1."常规"卷展栏

"常规"卷展栏中包括附加、导入以及 NURBD 工具箱等，如图 4-51 所示。单击"NURBS 创建工具箱"按钮，即可打开 NURBS 工具箱，如图 4-52 所示。

2."曲面近似"卷展栏

为了渲染和显示视口，可以使用"曲面近似"卷展栏，控制 NURBS 模型中的曲面子层级的近似值求解方式，如图 4-53 所示。其中常用选项的含义介绍如下。

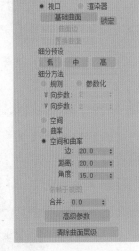

图 4-51　　　　　图 4-52　　　　　图 4-53

◎ 基础曲面：启用此选项后，设置将影响选择集中的整个曲面。

◎ 曲面边：启用该选项后，设置影响由修剪曲线定义的曲面边的细分。

◎ 置换曲面：只有在选中"渲染器"单选按钮的时候才启用。

◎ 细分预设：用于选择低、中、高质量层级的预设曲面近似值。

◎ 细分方法：如果已经选择视口，该组中的控件会影响 NURBS 曲面在视口中的显示。如果选中"渲染器"单选按钮，这些控件还会影响渲染器显示曲面的方式。

◎ 规则：根据 U 向步数、V 向步数在整个曲面内生成固定的细化。

◎ 参数化：根据 U 向步数、V 向步数生成自适应细化。

◎ 空间：生成由三角形面组成的统一细化。

◎ 曲率：根据曲面的曲率生成可变的细化。

◎ 空间和曲率：通过所有三个值使空间方法和曲率方法完美结合。

3."曲线近似"卷展栏

在模型级别上，近似空间影响模型中的所有曲线子对象。"参数"面板如图 4-54 所示，各参数含义介绍如下。

图 4-54

◎ 步数：用于近似每个曲线段的最大线段数。

◎ 优化：启用此复选框可以优化曲线。

◎ 自适应：基于曲率自适应分割曲线。

4."创建点 / 曲线 / 曲面"卷展栏

这三个卷展栏中的工具与 NURBS 工具箱中的工具相对应，主要用于创建点、曲线、曲面对象，如图 4-55、图 4-56 和图 4-57 所示。

图 4-55　　　　　　图 4-56　　　　　　图 4-57

■ 实例：创建造型长椅模型

下面将结合以上所学知识创建造型长椅模型，具体操作步骤介绍如下。

Step01 在前视口单击"线"按钮，绘制长椅的轮廓样条线，如图 4-58 所示。

Step02 进入"修改"命令面板，在"顶点"子层级中全选顶点，单击鼠标右键，在弹出的快捷菜单中选择"平滑"选项，调整样条线，如图 4-59 所示。

图 4-58　　　　　　　　　图 4-59

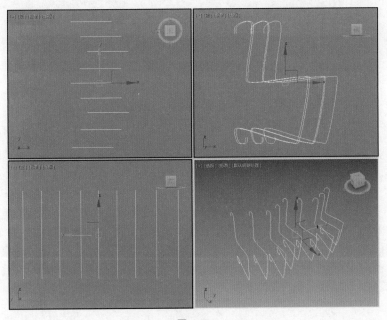

Step03 复制并调整样条线的位置，如图 4-60 所示。

Step04 全选样条线，将其转换为 NURBS，在"常规"卷展栏中单击"NURBS 创建工具箱"按钮，如图 4-61 所示。

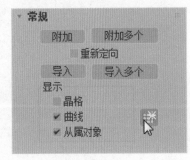

图 4-60

图 4-61

Step05 在打开的 NURBS 工具面板中单击"创建 U 向放样曲面"按钮 ，如图 4-62 所示。

Step06 在视口中依次选择样条线，最终效果如图 4-63 所示。

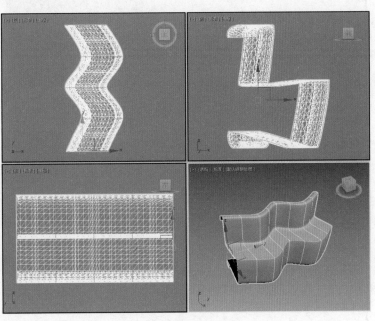

图 4-62

图 4-63

Step07 为模型添加"壳"修改器，在"参数"卷展栏中设置"外部量"为 10mm，如图 4-64 所示。

Step08 创建好的造型长椅效果如图 4-65 所示。

参数

内部量: 0.0mm
外部量: 10.0mm
分段: 1
倒角边
倒角样条线: 无

图 4-64

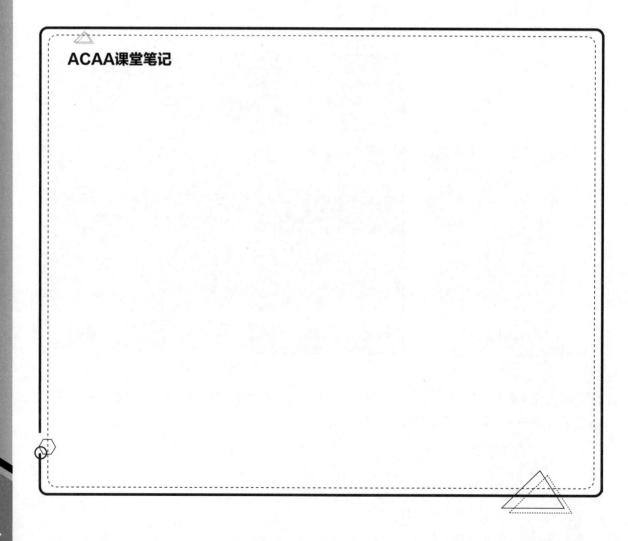

图 4-65

ACAA课堂笔记

3ds Max 建模课堂实录

课堂实战：创建垃圾桶模型

本案例中将利用本章所学知识创建一个垃圾桶模型，具体操作步骤介绍如下。

Step01 单击"矩形"按钮，创建一个尺寸为350mm×250mm、角半径为15mm的圆角矩形，如图4-66所示。

Step02 按住Shift键向上复制矩形，如图4-67所示。

图 4-66

图 4-67

图 4-68

Step03 为样条线添加"挤出"修改器，设置挤出值为600mm，制作出垃圾桶桶身，如图4-69所示。

Step04 将上方矩形转换为可编辑样条线，进入"样条线"子层级，在"几何体"卷展栏中设置"轮廓"值为-5，再按回车键，为样条线制作出轮廓效果，如图4-68所示。

Step05 复制下方矩形到垃圾桶顶部，如图4-70所示。

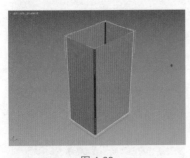

图 4-69

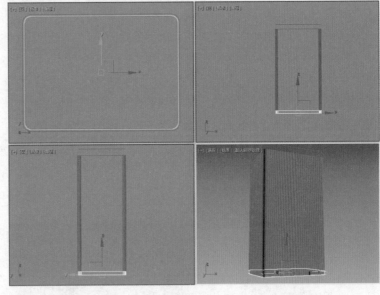

图 4-70

Step06 为底部矩形添加"挤出"修改器，设置挤出值为15mm，将其对齐到桶身模型，如图4-71所示。

Step07 将顶部矩形转换为可编辑样条线，进入"样条线"子层级，在"几何体"卷展栏中设置"轮廓"值为-10，按回车键即可为样条线制作出轮廓，如图4-72所示。

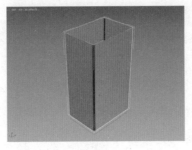

图 4-71

图 4-72

Step08 为其添加"挤出"修改器，设置挤出值为30mm，如图4-73所示。

Step09 单击"平面"按钮，在顶视图中创建一个尺寸为350mm×250mm的平面，并设置长度分段数为30、宽度分段数为50，如图4-74所示。

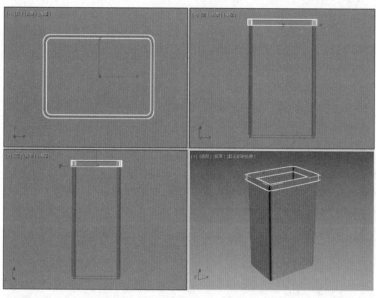

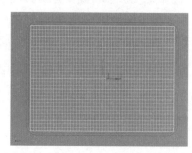

图4-73　　　　　　　　　　　　　　　　　　图4-74

Step10 为其添加"晶格"修改器，并设置支柱和节点的参数，如图4-75所示。

Step11 制作出一个网格模型，再调整其位置，如图4-76所示。

Step12 在前视图创建一个矩形，设置尺寸为220mm×100mm、角半径为20mm，如图4-77所示。

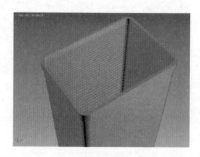

图4-75　　　　　　　　　　图4-76　　　　　　　　　　图4-77

Step13 为其添加"挤出"修改器，设置挤出值为50mm，将其移动到垃圾桶桶身处，如图4-78所示。

Step14 选择桶身模型，在"复合对象"面板中单击"布尔"按钮，在"运算对象参数"卷展栏中单击"差集"按钮，在"布尔参数"卷展栏中单击"添加运算对象"按钮，接着在视图中单击刚才创建的圆角长方体，将其从桶身模型中减去，完成垃圾桶模型的创建。调整模型颜色，可以更清楚地看到垃圾桶的造型，如图4-79所示。

图 4-78

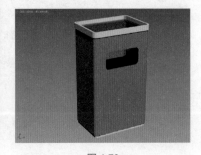

图 4-79

课后作业

为了让用户能够更好地掌握本章所学的知识，下面安排了一些 Autodesk、ACAA 认证考试的参考试题，让用户可以对所学的知识进行巩固和练习。

一、填空题

1. 编辑修改器产生的结果与_____相关。

2. 创建一个放样对象，至少需要有个 2 样条曲线二维图形，并将其中一个定义为_____，将另一个定义为_____。

3. 放样中的_____用于定义物体的放样长度。

4. 布尔的运算方式包括_____、_____、_____、_____、_____、_____。

二、选择题

1. 使用（　　　）修改器可以使物体表面变得光滑。

A. Face Extrude　　　　B. Surface Properties　　　　C. Mesh Smooth　　　　D. Edit Mesh

2. 噪波的作用是（　　　）。

A. 对尖锐不规则的表面进行平滑处理

B. 用于修改此物体集合

C. 用于减少物体的顶点数和面数

D. 使物体变得起伏而不规则

3. NURBS 面板上包括（　　　）个曲面创建按钮。

A. 15　　　　　　　　B. 16　　　　　　　　C. 17　　　　　　　　D. 18

4. 放样是属于（　　　）中的命令。

A. 标准几何体　　　　B. 扩展几何体　　　　C. 复合对象　　　　D. 样条线

三、操作题

1. 本实例将利用"布尔""细化""网格平滑"等命令创建彩灯模型，效果如图 4-80 所示。

2. 本实例将利用"挤出"修改器创建书籍模型，效果参考如图 4-81 所示。

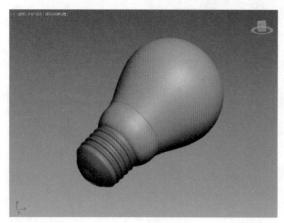

图 4-80

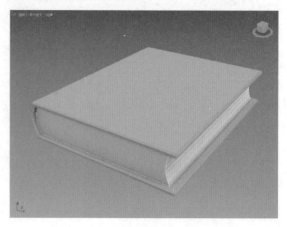

图 4-81

第 ⟨5⟩ 章

多边形建模

内容导读

　　多边形建模又称为 Polygon 建模，是目前所有三维软件中最为流行的方法。使用多边形建模方法创建的模型表面由一个个多边形组成。这种建模方法常用于室内设计模型、人物角色模型和工业设计模型等。本章主要介绍多边形物体的编辑技巧和常用模型的创建。

学习目标

»　了解多边形对象的转换方法

»　了解多边形建模的思路与技巧

»　掌握多边形建模重要工具的用法

5.1 什么是多边形建模

多边形建模是一种最为常见的建模方式。其原理是首先将一个模型对象转换为可编辑多边形，然后对顶点、边、多边形、边界、元素这几种级别进行编辑，使其模型逐渐产生相应的变化，从而达到建模的目的。

5.1.1 多边形建模概述

多边形建模是 3ds Max 中最为强大的建模方式，其中包括繁多的工具和较为传统的建模流程思路，因此更便于理解和使用。

5.1.2 转换为可编辑多边形

多边形建模方法在编辑上更加灵活，对硬件的要求也很低，其建模思路与网格建模的思路很接近，不同点在于网格建模只能编辑三角面，而多边形建模对面数没有任何要求。

在编辑多边形对象之前首先要明确多边形对象不是创建出来的，而是塌陷（转换）出来的。将物体塌陷为多边形的方法有三种。

◎ 选择物体，单击鼠标右键，在弹出的快捷菜单中选择"转换为"|"转换为可编辑多边形"命令，如图 5-1 所示。

◎ 选择物体，在"建模"工具栏中单击"多边形建模"按钮，在弹出的菜单中选择"可编辑多边形"命令，如图 5-2 所示。

◎ 选择物体，从"修改"面板中添加"编辑多边形"修改器，如图 5-3 所示。

图 5-1

图 5-2

5.2 可编辑多边形参数

将物体转换为可编辑多边形对象后，就可以对可编辑多边形对象的顶点、边、边界、多边形和元素分别进行编辑。多边形"参数"设置面板包括多个卷展栏，分别是"选择"卷展栏、"软选择"卷展栏、"编辑几何体"卷展栏、"细分曲面"卷展栏、"细分置换"卷展栏等。这里主要介绍"选择""软选择""编辑几何体"3 个卷展栏。

5.2.1 "选择"卷展栏

"选择"卷展栏提供了各种工具，用于访问不同的子对象层级和显示设置以及创建与修改选定内容，此外，还显示了与选定实体有关的信息，如图 5-4 所示。卷展栏中各选项含义介绍如下。

图 5-3

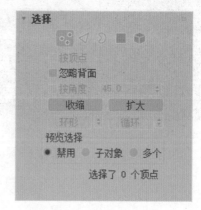

图 5-4

◎ 5 种级别：包括顶点、边、边界、多边形和元素。

◎ 按顶点：启用该选项后，只有选择所用的顶点才能选择子对象。

◎ 忽略背面：勾选该复选框后，只能选中法线指向当前视图的子对象。

◎ 按角度：启用该选项后，可以根据面的转折角度选择子对象。

◎ 收缩：单击该按钮可以在当前选择范围中向内减少一圈。

◎ 扩大：与"收缩"按钮相反，单击该按钮可以在当前选择范围中向外增加一圈，多次单击可以进行多次扩大。

◎ 环形：选中子对象后单击该按钮可以自动选择平行于当前的对象。

◎ 循环：选中子对象后单击该按钮可以自动选择同一圈的对象。

◎ 预览选择：选择对象之前，通过这里的选项可以预览光标滑过位置的子对象，包括"禁用""子对象"和"多个"3 个选项。

■ 5.2.2 "软选择"卷展栏

"软选择"是以选中的子对象为中心向四周扩散，以放射状方式选择子对象，在对选择的子对象进行变换时，子对象会以平滑的方式进行过渡。另外，可以通过控制"衰减""收缩"和"膨胀"的数值以控制所选子对象区域的大小及子对象控制力的强弱，如图 5-5 所示。勾选"使用软选择"复选框，其选择强度就会发生变化，颜色越接近红色代表强度越强烈，越接近蓝色则代表强度越弱，如图 5-6 所示。

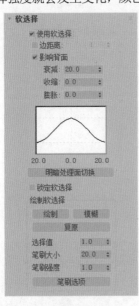

图 5-5

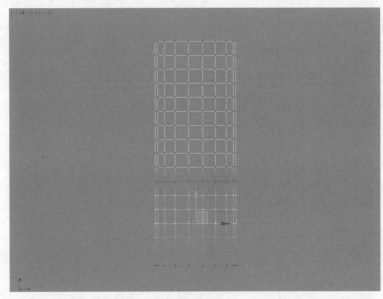

图 5-6

■ 实例：创建刀具模型

下面利用"软选择"功能结合可编辑多边形的子层级创建一个刀具模型，包括刀具的刀身和刀柄两个部分，具体操作步骤介绍如下。

Step01 在"创建"命令面板中单击"线"按钮，创建一个刀身轮廓的样条线，如图 5-7 所示。

图 5-7

第 5 章

多边形建模

87

Step02 在"修改"命令面板中进入"顶点"子层级，选择部分顶点，单击鼠标右键，在弹出的快捷菜单中设置顶点类型为"Bezier 角点"，如图 5-8 所示。

Step03 利用 Bezier 角点控制并调整刀身形状，使其光滑圆润，如图 5-9 所示。

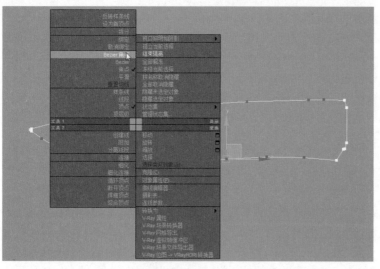
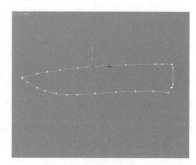

图 5-8   图 5-9

Step04 在修改器列表中为其添加"挤出"修改器，设置挤出厚度为 1.5mm，如图 5-10 所示。

Step05 将其转换为可编辑多边形，并选择顶点，如图 5-11 所示。

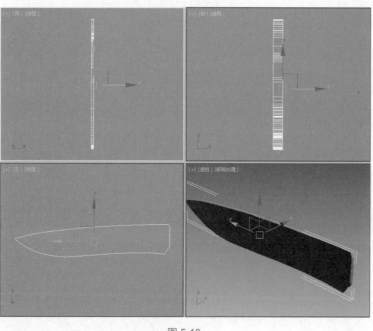

图 5-10   图 5-11

Step06 打开"软选择"卷展栏，勾选"使用软选择"复选框，设置衰减值为 3，可以看到顶点选择效果如图 5-12 所示。

Step07 在透视视图中使用"移动并缩放"命令缩放模型，制作出刀锋造型，如图 5-13 所示。

3ds Max 建模课堂实录

Step08 在"创建"命令面板中单击"圆柱体"按钮，创建一个半径为8.5mm、高度为6mm的圆柱体，设置分段数为5、边数为30，调整模型位置，如图5-14所示。

Step09 单击"移动并缩放"命令，在前视图中缩放圆柱体模型，如图5-15所示。

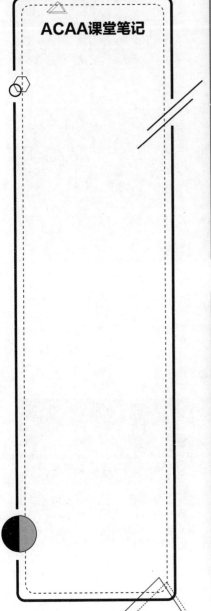

ACAA课堂笔记

图 5-12

图 5-13

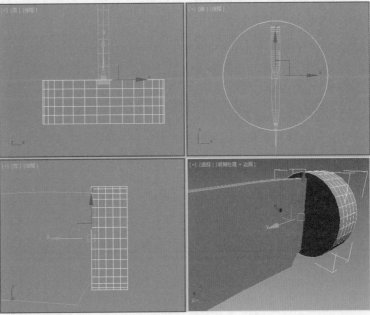

图 5-14

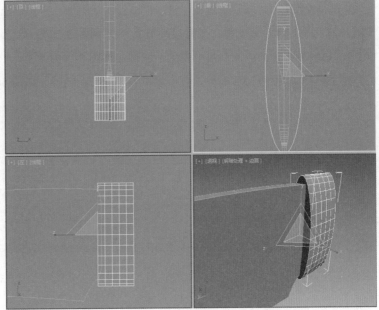

图 5-15

Step10 将圆柱体转换为可编辑多边形，进入"顶点"子层级，选择顶点，再打开"软选择"卷展栏，勾选"使用软选择"复选框，设置衰减值为5，如图5-16所示。

Step11 在透视视图中对模型顶点进行缩放调整，如图5-17所示。

Step12 在"创建"命令面板中单击"圆柱体"按钮，创建一个半径为10mm、高度为55mm的圆柱体作为刀柄，设置高度分段数为30、边数为30，调整模型位置，如图5-18所示。

Step13 单击"选择并缩放"命令，缩放模型，如图5-19所示。

图 5-16

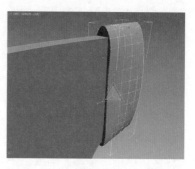

图 5-17

图 5-19

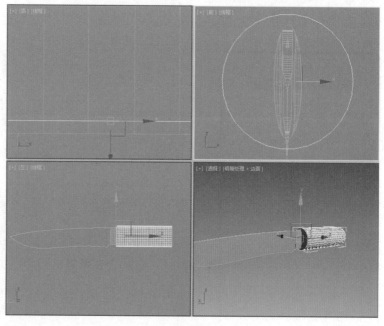

图 5-18

Step14 将其转换为可编辑多边形，进入"顶点"子层级，选择部分顶点，再打开"软选择"卷展栏，勾选"使用软选择"复选框，设置衰减值为50，如图5-20所示。

Step15 移动顶点，可以看到模型发生了变化，如图5-21所示。

Step16 继续利用顶点调整模型大致形状，调整出刀柄轮廓，如图5-22所示。

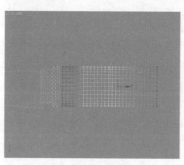

图 5-20

图 5-21

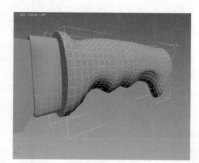

图 5-22

Step17 切换到左视图，选择刀柄头部顶点，利用"移动并旋转"工具旋转顶点，调整刀柄头部造型，如图5-23所示。

Step18 旋转整个刀柄模型，调整到合适位置，如图5-24所示。

Step19 为刀柄添加"细分"修改器，设置细分值为2，如图5-25所示。

Step20 再为其添加"网格平滑"修改器，设置迭代次数为2，如图5-26所示。

Step21 再次调整模型，完成刀具模型的制作，如图5-27所示。

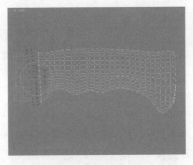

图 5-23

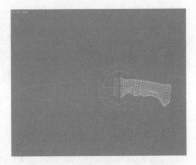

图 5-24

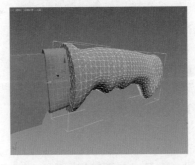

图 5-25

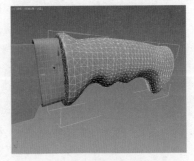

图 5-26

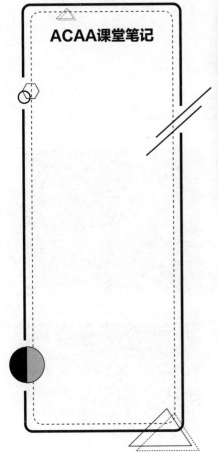

ACAA课堂笔记

图 5-27

5.2.3 "编辑几何体"卷展栏

"编辑几何体"卷展栏提供了用于在定层级或子对象层级更改多边形对象几何体的全局控件，在所有对象层级都可以使用，如图5-28所示。

卷展栏中部分选项含义介绍如下。

◎ 重复上一个：单击该按钮可以重复使用上一次使用的命令。

◎ 约束：使用现有的几何体来约束子对象的变换效果。

◎ 保持UV：启用该选项后，可以在编辑子对象的同时不影响该对象的 UV 贴图。

◎ 创建：创建新的几何体。

◎ 塌陷：这个工具类似于"焊接"工具，但是不需要设置阈值就可以直接塌陷在一起。

◎ 附加：使用该工具可以将场景中的其他对象附加到选定的可编辑多边形中。

◎ 分离：将选定的子对象作为单独的对象或元素分离出来。

◎ 切片平面：使用该工具可以沿某一平面分开网格对象。

◎ 切片：可以在切片平面位置处执行切割操作。

◎ 重置平面：将执行过"切片"的平面恢复到之前的状态。

◎ 快速切片：可以将对象进行快速切片，切片线沿着对象表面，所以可以更加准确地进行切片。

◎ 切割：可以在一个或多个多边形上创建出新的边。

◎ 网格平滑：使选定的对象产生平滑效果。

◎ 细化：增加局部网格的密度，从而方便处理对象的细节。

◎ 平面化：强制所有选定的子对象成为共面。

◎ 视图对齐：使对象中的所有顶点与活动视图所在的平面对齐。

◎ 栅格对齐：使选定对象中的所有顶点与活动视图所在的平面对齐。

◎ 松弛：使当前选定的对象产生松弛现象。

图 5-28

■ **实例：创建螺母模型**

本案例中将利用可编辑多边形创建螺母模型，具体操作步骤介绍如下。

Step01 单击"圆柱体"按钮，创建一个半径为 17mm、高度为 10mm、边数为 6 的圆柱体，如图 5-29 所示。

Step02 单击鼠标右键，在弹出的快捷菜单中选择"转换为"|"转换为可编辑多边形"命令，将长方体转换为可编辑多边形，进入"边"子层级，选择顶部和底部的边，如图 5-30 所示。

Step03 在"编辑边"卷展栏中单击"切角"按钮，设置切角量为 2，制作出切角效果，如图 5-31 所示。

Step04 全选所有的边，再次单击"切角"按钮，设置切角量为 0.4、切角分段数为 5，切角效果如图 5-32 所示。

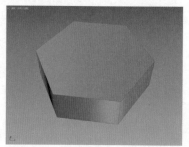

图 5-29

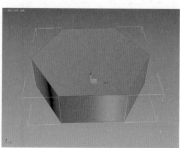

图 5-30

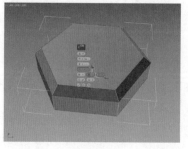

图 5-31

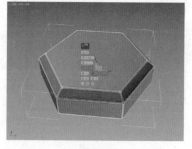

图 5-32

Step05 开启捕捉开关，设置捕捉轴心，最大化顶视图，在"扩展基本体"面板中单击"软管"按钮，捕捉轴心创建一个软管模型，并设置参数，调整模型位置如图 5-33、图 5-34 所示。

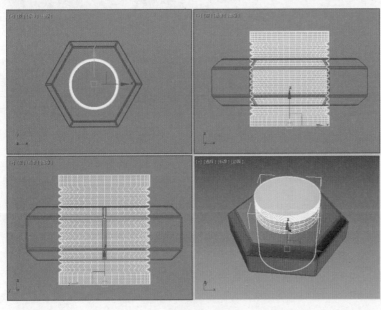

图 5-33

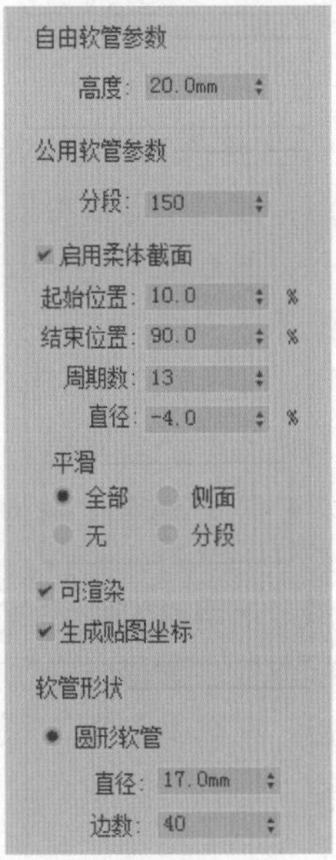

自由软管参数
　　高度：20.0mm
公用软管参数
　　分段：150
☑ 启用柔体截面
　　起始位置：10.0　%
　　结束位置：90.0　%
　　周期数：13
　　直径：-4.0　%
平滑
　● 全部　　○ 侧面
　○ 无　　　○ 分段
☑ 可渲染
☑ 生成贴图坐标
软管形状
　● 圆形软管
　　直径：17.0mm
　　边数：40

图 5-34

Step06 选择多边形对象，在"复合对象"面板中单击"布尔"按钮，选择差集运算方式，将软管模型从多边形中减去，即可完成螺母模型的制作，如图 5-35 所示。

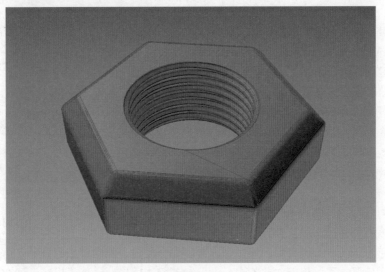

图 5-35

5.3 可编辑多边形子层级参数

　　在多边形建模中，可以针对某一个级别的对象进行调整。比如顶点、边、多边形、边界、元素。当选择某一级别时，相应的参数面板也会出现该级别的卷展栏。

■ 5.3.1 编辑顶点

进入可编辑多边形的"顶点"子层级后，在"修改"面板中会增加一个"编辑顶点"卷展栏，如图5-36所示。该卷展栏下的工具全都是用于编辑顶点的。

卷展栏中主要选项含义介绍如下。

◎ 移除：该选项可以将顶点进行移除处理。

◎ 断开：选择顶点，并单击该选项后可以将一个顶点断开，变成多个顶点。

◎ 挤出：选择顶点，并单击该选项可以将顶点向外进行挤出，使其产生锥形的效果。

◎ 焊接：两个或多个顶点在一定的距离范围内，焊接为一个顶点。

◎ 切角：使用该选项可以将顶点切角为三角形的面。

◎ 目标焊接：选择一个顶点后，使用该工具可以将其焊接到相邻的目标顶点。

◎ 连接：在选中的对角顶点之间创建新的边。

◎ 权重：设置选定顶点的权重，供NURMS细分选项和"网格平滑"修改器使用。

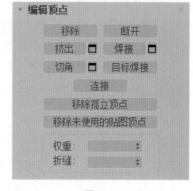

图5-36

■ 5.3.2 编辑边

边是连接两个顶点的直线，同时可以形成多边形的边。选择"边"子层级后，即可打开"编辑边"卷展栏，该卷展栏包括所有关于边的操作，如图5-37所示。卷展栏中主要选项含义介绍如下。

◎ 插入顶点：可以手动在选择的边上任意添加顶点。

◎ 移除：选择边以后，单击该选项可以移除边，但是与按Delete键删除的效果是不同的。

◎ 分割：沿着选定边分割网格。对网格中心的单条边应用时，不会起任何作用。

◎ 挤出：直接使用这个工具可以在视图中挤出边，是最常使用的工具，需要熟练掌握。

◎ 焊接：该工具可以在一定的范围内将选择的边进行自动焊接。

◎ 切角：可以将选择的边进行切角处理产生平行的多条边。切角是最常使用的工具，需要熟练掌握。

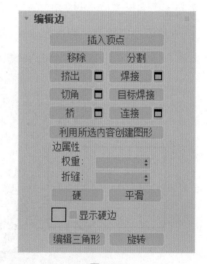

图5-37

◎ 目标焊接：选择一条边并单击该按钮，会出现一条线，然后单击另外一条边即可进行焊接。

◎ 桥：使用该工具可以连接对象的边，但只能连接边界边，也就是只在一侧有多边形的边。

◎ 连接：可以选择平行的多条边，并使用该工具产生垂直的边。连接是最常使用的工具，需要熟练掌握。

◎ 利用所选内容创建图形：可以将选定的边创建为样条线图形。

◎ 编辑三角形：用于修改绘制内边或对角线时多边形细分为三角形的方式。

◎ 旋转：用于通过单击对角线修改多边形细分为三角形的方式。

5.3.3 编辑边界

边界是网格的线性部分，通常可以描述为孔洞的边缘。选择"边界"子层级后，即可打开"编辑边界"卷展栏，如图 5-38 所示。卷展栏中"封口"选项含义介绍如下。

封口：该选项可以将模型上的缺口部分进行封口。

5.3.4 编辑多边形 / 元素

多边形是通过曲面连接的三条或多条边的封闭序列，提供可渲染的可编辑多边形对象曲面。"多边形"与"元素"子层级是兼容的，用户可在二者之间切换，并且将保留所有现在的选择。在"编辑元素"卷展栏中包括常用的多边形和元素命令，而在"编辑多边形"卷展栏中包括"编辑元素"卷展栏所包括的各项命令以及多边形特有的多个命令，如图 5-39、图 5-40 所示。

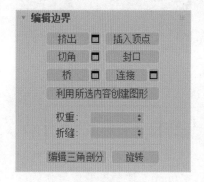

图 5-38

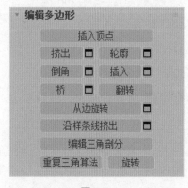

图 5-39

◎ 插入顶点：可以手动在选择的多边形上任意添加顶点。
◎ 挤出：挤出工具可以将选择的多边形进行挤出效果处理。组、局部法线、按多边形三种方式，效果各不相同。
◎ 轮廓：用于增加或减小每组连续的选定多边形的外边。
◎ 倒角：与挤出比较类似，但是比挤出更为复杂，可以挤出多边形，也可以向内和外缩放多边形。
◎ 插入：使用该选项可以制作出插入一个新多边形的效果。插入是最常使用的工具，需要熟练掌握。
◎ 桥：选择模型正反两面相对的两个多边形，然后单击该按钮即可制作出镂空的效果。
◎ 翻转：翻转选定多边形的法线方向，从而使其面向用户的正面。
◎ 从边旋转：选择多边形后，使用该工具可以沿着垂直方向拖动任何边，旋转选定多边形。
◎ 沿样条线挤出：沿样条线挤出当前选定的多边形。
◎ 编辑三角剖分：通过绘制内边修改多边形细分为三角形的方式。
◎ 重复三角算法：在当前选定的一个或多个多边形上执行最佳三角剖分。
◎ 旋转：使用该工具可以修改多边形细分为三角形的方式。

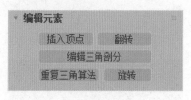

图 5-40

■ 实例：创建沙发模型

本案例中将利用可编辑多边形创建沙发模型，具体操作步骤介绍如下。

Step01 单击"长方体"按钮，创建一个尺寸为 950mm×2200mm×60mm 的长方体，如图 5-41 所示。

Step02 再单击"切角长方体"按钮，创建一个尺寸为 800mm×180mm×290mm 的切角长方体作为沙发扶手，设置圆角半径为 20mm、圆角分段数为 5，如图 5-42 所示。

Step03 按住 Shift 键向右复制切角长方体，如图 5-43 所示。

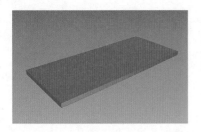

图 5-41

图 5-42

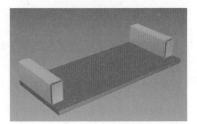

图 5-43

Step04 再复制切角长方体，调整尺寸为 180mm×1840mm×470mm，调整模型位置作为沙发靠背，如图 5-44 所示。

Step05 单击"长方体"按钮，创建一个尺寸为 770mm×1100mm×200mm 的长方体，再设置分段，如图 5-45 所示。

Step06 将其转换为可编辑多边形，进入"多边形"子层级，选择上下相对的 16 块面，如图 5-46 所示。

Step07 在"编辑多边形"卷展栏中单击"桥"按钮，再删除多余的多边形，如图 5-47 所示。

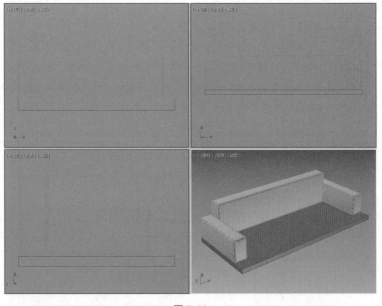

图 5-44

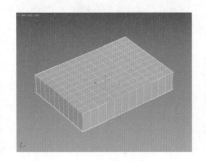

图 5-45

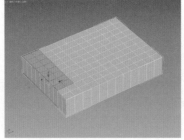

图 5-46

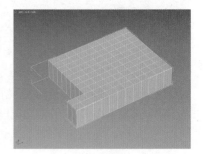

图 5-47

ACAA课堂笔记

Step08 进入"顶点"子层级，选择如图 5-48 所示的顶点。

Step09 激活缩放工具，在前视图中缩放顶点，如图 5-49 所示。

Step10 继续选择顶点并进行缩放，制作出沙发坐垫造型，如图 5-50 所示。

Step11 进入"边"子层级，选择如图 5-51 所示的边线。

ACAA课堂笔记

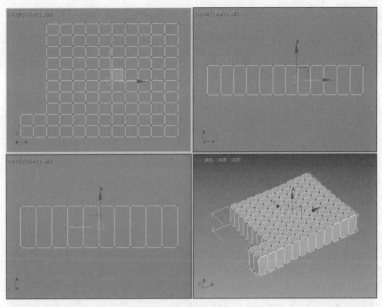

图 5-48

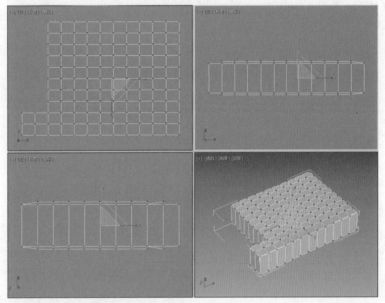

图 5-49

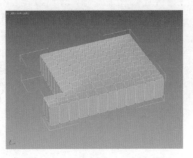

图 5-50

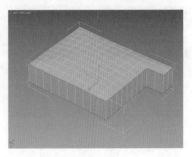

图 5-51

第 5 章　多边形建模

Step12 在"编辑边"卷展栏中单击"切角"按钮，设置切角量为20、连接边分段数为10，效果如图5-52所示。

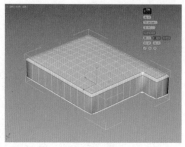

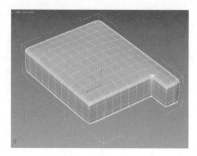

Step13 为多边形添加"网格平滑"修改器，设置迭代次数为2，制作出沙发坐垫，如图5-53所示。

图 5-52 　　　　　　　　　　图 5-53

Step14 将坐垫模型对齐到已创建好的沙发框架，再镜像复制对象，如图5-54所示。

Step15 制作沙发腿模型。在左视图创建一个圆角矩形，设置尺寸为170mm×880mm、圆角半径为40mm，对齐到沙发底部，如图5-55所示。

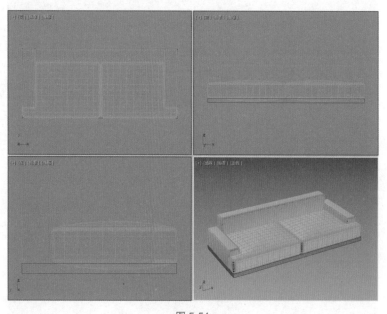

图 5-54 　　　　　　　　　　　　图 5-55

Step16 在"渲染"卷展栏中启用渲染效果，设置矩形尺寸为30mm×20mm，如图5-56所示。

Step17 复制模型到沙发另一侧，即可完成沙发模型的制作，如图5-57所示。

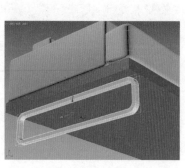

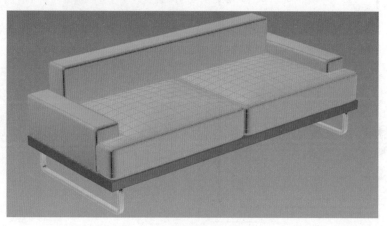

图 5-56 　　　　　　　　　　　图 5-57

课堂实战：创建床头柜模型

本案例中将利用可编辑多边形的知识创建床头柜模型，具体操作步骤介绍如下。

Step01 单击"长方体"按钮，创建一个尺寸为 450mm×350mm×280mm 的长方体，如图 5-58 所示。

Step02 将其转换为可编辑多边形，在"修改"面板中打开堆栈，进入"多边形"子层级，选择如图 5-59 所示的面。

Step03 在"编辑多边形"卷展栏中单击"插入"按钮，设置插入数量为 5，设置视口样式为"默认明暗处理＋边面"，效果如图 5-60 所示。

图 5-58

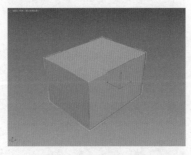

图 5-59

图 5-60

Step04 继续单击"插入"按钮，设置插入数量为 13，如图 5-61 所示。

Step05 切换到左视图，将多边形沿 X 轴向左移动 10mm，如图 5-62 所示。

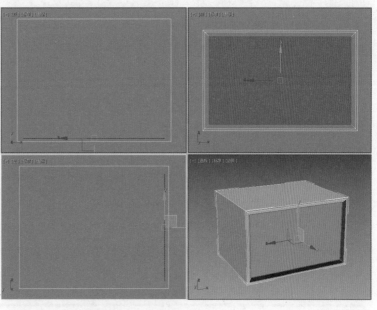

图 5-61

图 5-62

Step06 单击"插入"按钮，设置插入值为 2mm，制作出缝隙宽度，如图 5-63 所示。

Step07 进入"边"子层级，选择如图 5-64 所示的两条边。

图 5-63

图 5-64

Step08 单击"连接"按钮，设置连接数量为2，如图5-65所示。

Step09 选择刚创建的上方边线，在状态控制栏中设置Z轴高度为141，再选择下方边线，设置Z轴高度为139，如此制作出抽屉缝隙，如图5-66所示。

Step10 进入"多边形"子层级，选择如图5-67所示的多边形。

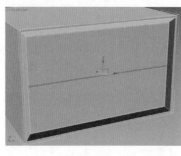
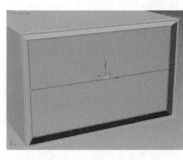

图 5-65　　　　　　　　　　　图 5-66　　　　　　　　　　　图 5-67

Step11 单击"挤出"按钮，设置挤出数量为-20，制作出缝隙深度，形成床头柜柜体，如图5-68所示。

Step12 单击"圆柱体"按钮，在前视图创建一个半径为7.5mm、高度为17mm的圆柱体，设置高度分段数为1、边数为40，调整其位置，如图5-69所示。

图 5-68

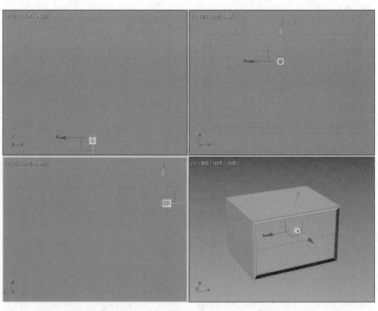

图 5-69

ACAA课堂笔记

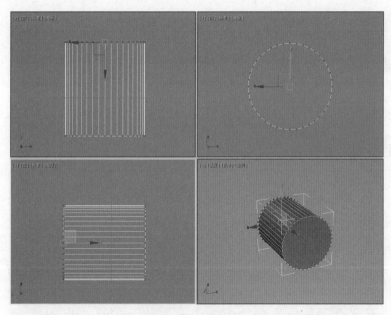

图 5-70

Step13 将其转换为可编辑多边形，进入"顶点"子层级，选择如图 5-70 所示的顶点。

Step14 激活缩放工具，在前视图中缩放对象，如此制作出拉手模型，如图 5-71 所示。

Step15 向下复制拉手模型，如图 5-72 所示。

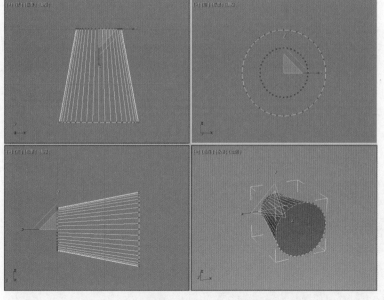

图 5-71

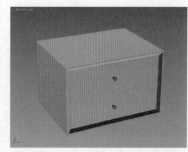

图 5-72

Step16 接下来制作床头柜的柱脚。单击"长方体"按钮，创建一个尺寸为 300mm×25mm×35mm 的长方体，移动到柜体正下方，如图 5-73 所示。

Step17 在顶视图中创建一个尺寸为 35mm×45mm 的矩形，如图 5-74 所示。

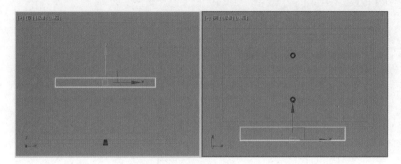

图 5-73

图 5-73（续）

图 5-74

Step18 将其转换为可编辑样条线，进入"顶点"子层级，选择右侧的两个顶点，如图 5-75 所示。

Step19 在"几何体"卷展栏中设置圆角值为 2，然后按回车键，为矩形制作圆角，如图 5-76 所示。

Step20 再选择左侧的两个顶点，制作出半径为 10mm 的圆角，如图 5-77 所示。

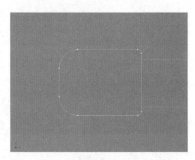

图 5-75

图 5-76

图 5-77

Step21 为样条线添加"挤出"修改器，设置挤出值为 -285，制作出柱脚造型，如图 5-78 所示。

Step22 将其转换为可编辑多边形，进入"顶点"子层级，在前视图中调整底部内部的顶点，如图 5-79 所示。

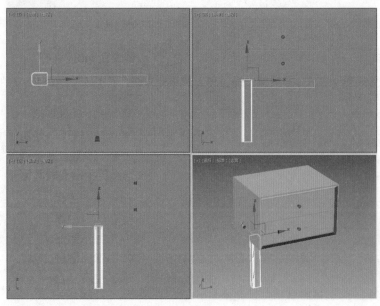

图 5-78

图 5-79

Step23 继续调整底部顶点，如图 5-80 所示。

Step24 退出修改器堆栈，调整柱脚位置，再单击"镜像"按钮，镜像复制柱脚模型，如图 5-81 所示。

Step25 选择柱脚和长方体，切换到顶视图，右击"旋转"工具按钮，设置 Z 轴旋转 35°，如图 5-82 所示。

图 5-80

图 5-81

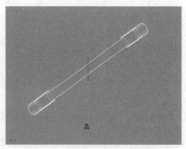

图 5-82

Step26 单击"镜像"按钮，镜像复制柱脚和长方体，至此完成床头柜模型的创建，如图 5-83 所示。

图 5-83

课后作业

为了让用户能够更好地掌握本章所学的知识，下面安排了一些 Autodesk、ACAA 认证考试的参考试题，让用户可以对所学的知识进行巩固和练习。

一、填空题

1. 在原始简单的模型基础上，通过增减_____、_____、_____或调整其位置来产生所需要的模型，这种建模方式称为多边形建模。

2. 将模型转换为可编辑多边形后，可以看到_____、_____、_____、_____、_____五种子层级。

3. 可编辑多边形的"切角"命令可以为多边形的边创建_____和_____效果。

4. 启用_____选项后，所有硬边都使用通过邻近色样定义的硬边颜色显示在视口。

二、选择题

1. 下面哪一卷展栏不属于多边形参数面板（　　　）。

A. "软选择"　　　　B. "细分曲面"　　　　　C. "硬选择"　　　　　　D. "细分置换"

2. 下面哪个卷展栏既可以在所有子对象层级使用，也可以在对象层级使用（　　　）。

A. "选择"　　　　　B. "编辑几何体"　　　　C. "细分曲面"　　　　　D. 以上所有

3. 下列描述中正确的是（　　　）。

A. "软选择"卷展栏控件允许部分地选择显示选择邻接处中的子对象

B. 边是网格的线性部分，通常可以描述为孔洞的边缘

C. "编辑几何体"卷展栏包括常用的多边形和元素命令

D. 移动或编辑顶点时，不会影响连接的几何体

4. （　　　）卷展栏提供了用于在顶（对象）层级或子对象层级更改多边形对象几何体的全局控件。

A. "选择"　　　　　　B. "编辑几何体"　　　　C. "细分曲面"　　　　D. "细分置换"

三、操作题

1. 本实例将利用多边形建模创建新型实用办公桌模型，效果参考如图 5-84 所示。

2. 本实例将利用多边形建模创建时尚电视柜模型，效果参考如图 5-85 所示。

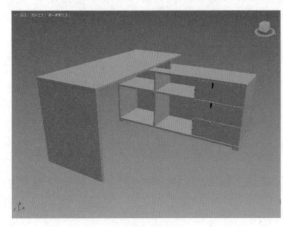

图 5-84

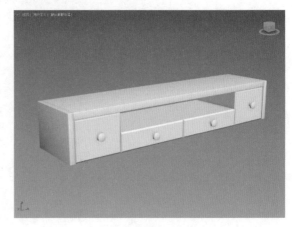

图 5-85

第〈6〉章

材质、贴图与灯光

内容导读

材质是描述对象如何反射或透射灯光的属性，并模拟真实纹理，通过设置材质可以将三维模型的质地、颜色等效果与现实生活中的物体质感相对应，达到逼真的效果。只创建模型和材质，往往达不到真实的效果，这时灯光就起到了画龙点睛的作用，利用灯光可以体现空间的层次、设计的风格和材质的质感。

本章主要介绍 3ds Max 的材质与灯光系统，其中包括常用材质类型、常用贴图类型的使用方法，以及灯光类型、灯光的基本参数和阴影类型的相关知识。

学习目标

» 了解常用材质类型

» 掌握常用贴图的应用

» 了解灯光类型及灯光基本参数

» 了解阴影类型

» 掌握灯光的应用

6.1 常用材质类型

3ds Max 中提供了 11 种材质类型，每一种材质都具有相应的功能，如默认的"标准"材质可以表现真实世界中的大多数材质，本节将对常用的几种材质类型进行介绍。

6.1.1 标准材质

标准材质是默认的通用材质，在现实生活中，对象的外观取决于它的反射光线。在 3ds Max 中，标准材质主要用于模拟对象表面的反射属性，在不适用特图的情况下，标准材质为对象提供了单一均匀的表面颜色效果。

图 6-1

使用标准材质时可以选择各种明暗器，为各种反射表面设置颜色以及使用贴图通道等，这些设置都可以在卷展栏中进行，如图 6-1 所示。

（1）明暗器。

明暗器主要用于标准材质，可以选择不同的着色类型，以影响材质的显示方式，在"明暗器基本参数"卷展栏中可进行相关设置，下面对各选项的含义进行介绍。

- ◎ 各向异性：可以产生带有非圆、具有方向的高光曲面，适用于制作头发、玻璃或金属等材质。
- ◎ Blinn：与 Phong 明暗器具有相同的功能，但它在数值上更精确，是标准材质的默认明暗器。
- ◎ 金属：有光泽的金属效果。
- ◎ 多层：通过层级两个各向异性高光，创建比各向异性更复杂的高光效果。
- ◎ Phong：与 Blinn 类似，能产生带有发光效果的平滑曲面，但不处理高光。
- ◎ 半透明：类似于 Blinn 明暗器，还可以用于指定半透明度，光线将在穿过材质时散射，可以使用半透明来模拟被霜覆盖的和被侵蚀的玻璃。

（2）颜色。

在真实世界中，对象的表面通常反射许多颜色，标准材质也使用 4 色模型来模拟这种现象，主要包括环境光颜色、漫反射颜色、高光颜色和过滤颜色。下面对各选项的含义进行介绍。

- ◎ 环境光颜色：环境光颜色是对象在阴影中的颜色。
- ◎ 漫反射颜色：漫反射颜色是对象在直接光照条件下的颜色。
- ◎ 高光颜色：高光颜色是发亮部分的颜色。
- ◎ 过滤颜色：过滤颜色是光线透过对象所透射的颜色。

（3）扩展参数。

在"扩展参数"卷展栏中提供了透明度和反射相关的参数，通过该卷展栏可以制作更具有真实效果的透明材质，如图 6-2 所示。下面对各选项组的含义进行介绍。

图 6-2

- ◎ 高级透明：该选项组中提供的控件影响透明材质的不透明度衰减等效果。
- ◎ 反射暗淡：该选项组提供的参数可使阴影中的反射贴图显得暗淡。

◎ 线框：该选项组中的参数用于控制线框的单位和大小。

（4）贴图通道。

在"贴图"卷展栏中，可以访问材质的各个组件，部分组件还能使用贴图代替原有的颜色，如图6-3所示。

（5）其他。

标准材质还可以通过高光控件组控制表面接受高光的强度和范围，也可以通过其他选项组制作特殊的效果，如线框等。

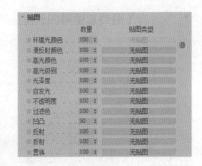

图 6-3

■ 实例：创建生锈材质

本案例将为螺丝钉模型创建生锈的材质，在制作过程中需要调整"漫反射""凹凸""反射高光"等参数，让锈迹更加真实、生动，具体操作步骤介绍如下。

Step01 打开原始素材模型文件，如图6-4所示。

Step02 按M键打开材质编辑器，选择一个未使用的材质球，默认为标准材质，在"Blinn基本参数"卷展栏中为漫反射通道添加位图贴图，并设置高光级别与光泽度值，如图6-5所示。

图 6-4

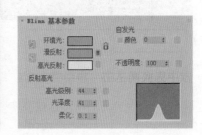

图 6-5

Step03 为漫反射通道所添加的位图贴图，如图6-6所示。

Step04 在"贴图"卷展栏中为凹凸通道添加位图贴图，并设置凹凸值，如图6-7所示。

图 6-6

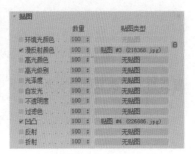

图 6-7

Step05 为凹凸通道所添加的位图贴图，如图 6-8 所示。

Step06 创建好的生锈螺丝钉材质球效果如图 6-9 所示。

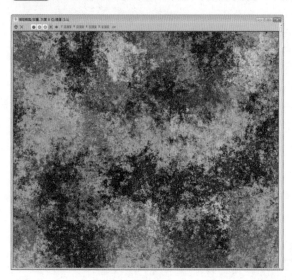

图 6-8

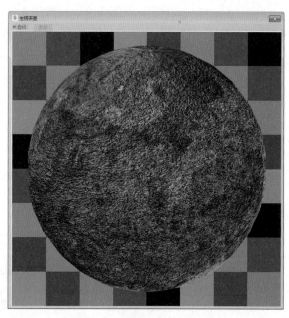

图 6-9

Step07 将创建好的材质球赋予模型进行渲染，效果如图 6-10 所示。

图 6-10

■ 6.1.2 多维 / 子对象材质

多维 / 子对象材质是将多个材质组合到一个材质当中，将物体设置不同的 ID 后，使材质根据对应的 ID 号赋予到指定物体区域上，该材质常被用于包括许多贴图的复杂物体上。在使用多维 / 子对象材质后，参数卷展栏如图 6-11 所示。

下面对主要选项的含义进行介绍。

◎ 设置数量：用于设置子材质的参数，单击该按钮，即可打开"设置材质数量"对话框，在其中可以设置材质数量。

图 6-11

◎ 添加：单击该按钮，在子材质下方将默认添加一个标准材质。

◎ 删除：删除子材质。单击该按钮，将从下向上逐一删除子材质。

3ds Max 建模课堂实录

6.1.3　混合材质

混合材质，是指在曲面的单个面上将两种材质进行混合。用户可以通过设置"混合基本参数"卷展栏控制材质的混合程度，实现两种材质之间的无缝混合，常用于制作诸如花纹玻璃、烫金布料等。

混合材质将两种材质以百分比的形式混合在曲面的单个面上，通过不同的融合度，控制两种材质表现出的强度，另外，还可以指定一张图作为融合的蒙版，利用它本身的明暗度决定两种材质融合的程度，设置混合发生的位置和效果。其材质面板如图 6-12 所示。

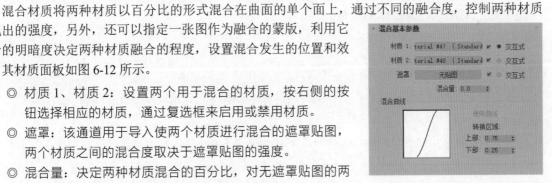

图 6-12

◎ 材质 1、材质 2：设置两个用于混合的材质，按右侧的按钮选择相应的材质，通过复选框来启用或禁用材质。

◎ 遮罩：该通道用于导入使两个材质进行混合的遮罩贴图，两个材质之间的混合度取决于遮罩贴图的强度。

◎ 混合量：决定两种材质混合的百分比，对无遮罩贴图的两个贴图进行融合时，依据其来调节混合程度。

◎ 混合曲线：控制遮罩贴图中黑白过渡区造成的材质融合的尖锐或柔和程度，专用于使用了 Mask 遮罩贴图的融合材质。

◎ 使用曲线：确定是否使用混合曲线以影响融合效果，只有指定并激活遮罩，该空间才可用。

◎ 转换区域：分别调节上部和下部数值控制混合曲线，两个值相近时会产生清晰尖锐的融合边缘；两个值差距很大时会产生柔和模糊的融合边缘。

6.2 常用贴图类型

材质主要用于描述对象如何反射和传播光线，材质中的贴图则主要用于模拟独享质地、提供纹理图案、反射、折射等其他效果（贴图还可以用于环境和灯光投影）。依靠各种类型的贴图可以制作出千变万化的材质。

3ds Max 中包括了 30 多种贴图，在不同的贴图通道中使用不同的贴图类型，产生的效果也各不相同。

6.2.1　位图

"位图"贴图就是将位图图像文件作为贴图使用，支持各种类型的图像和动画格式，包括 AVI、BMP、CIN、JPG、TIF、TGA 等。位图贴图的使用范围广泛，通常用在漫反射贴图通道、凹凸贴图通道、反射贴图通道、折射贴图通道中。如图 6-13 所示为"位图参数"卷展栏。

图 6-13

下面将对各选项组的含义进行介绍。

◎ 过滤：该选项组用于选择抗锯齿位图中平均使用的像素方法。

◎ 裁剪 / 放置：该选项组中的控件可以裁剪位图或减小其尺寸，用于自定义放置。

◎ 单通道输出：该选项组中的控件用于根据输入的位图确定输出单色通道的源。

◎ Alpha 来源：该选项组中的控件根据输入的位图确定输出 Alpha 通道的来源。

> **知识拓展**
>
> 位图：用于选择位图贴图，通过标准文件浏览器选择位图，选中之后，该按钮上会显示所选位图的路径名称。
>
> 重新加载：对使用相同名称和路径的位图文件进行重新加载。在绘图程序中更新位图后无须使用文件浏览器重新加载该位图。

■ 实例：创建木质材质

本案例中将利用 3ds Max 自带的标准材质创建木质材质，具体操作步骤介绍如下。

`Step01` 打开素材场景，如图 6-14 所示。

`Step02` 按 M 键打开材质编辑器，选择一个空白材质，将其设置为标准材质，在"贴图"卷展栏中为漫反射通道和凹凸通道添加位图贴图，再将漫反射通道的贴图实例复制到反射通道，并设置反射值和凹凸值，如图 6-15 所示。

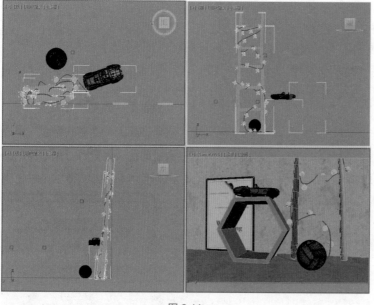

图 6-14

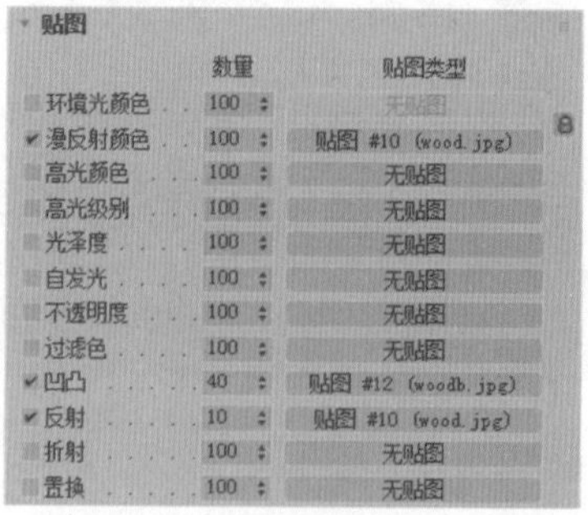

图 6-15

`Step03` 漫反射通道和凹凸通道所添加的位图贴图分别如图 6-16、图 6-17 所示。

`Step04` 进入位图贴图的"坐标"卷展栏，取消勾选"使用真实世界比例"复选框，再设置"瓷砖"平铺参数，如图 6-18 所示。

`Step05` 在"Blinn 基本参数"卷展栏中设置反射高光参数，如图 6-19 所示。

`Step06` 设置好的材质球预览效果如图 6-20 所示。

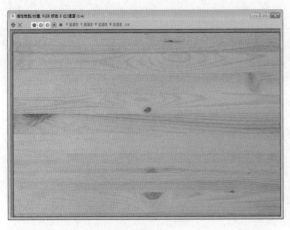

图 6-16   图 6-17

图 6-18

图 6-19

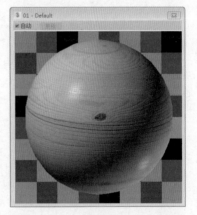

图 6-20

Step07 将材质指定给场景中的框架和梯子模型,并为其添加 UVW 贴图,渲染场景,效果如图 6-21 所示。

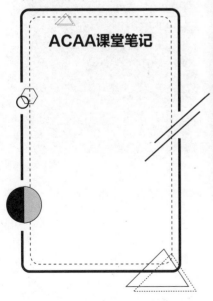

ACAA课堂笔记

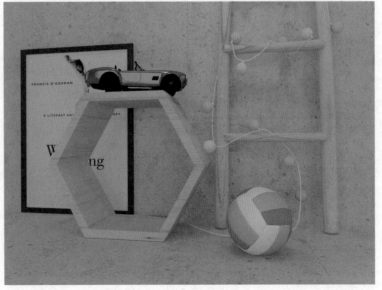

图 6-21

6.2.2　棋盘格

"棋盘格"贴图可以产生类似棋盘的、由两种颜色组成的方格图案，并允许贴图替换颜色，如图6-22所示为"棋盘格参数"卷展栏。

图6-22

下面对主要选项的含义进行介绍。

◎ 柔化：模糊方格之间的边缘，很小的柔化值就能生成很明显的模糊效果。

◎ 交换：单击该按钮可交换方格的颜色。

◎ 颜色：用于设置方格的颜色，允许使用贴图代替颜色。

6.2.3　平铺

"平铺"贴图是专门用来制作砖块效果的，常用在漫反射贴图通道中，有时也可以用在凹凸贴图通道中。

在"标准控制"卷展栏中有的预设类型列表中列出了一些已定义的建筑砖图案，用户也可以自定义图案，设置砖块的颜色、尺寸以及砖缝的颜色、尺寸等，其参数卷展栏如图6-23所示。

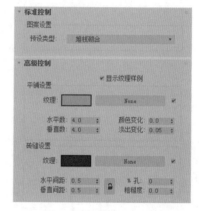

图6-23

> **知识拓展**
>
> 默认状态下"平铺"贴图的水平间距与垂直间距是锁定在一起的，用户可以根据需要解开锁定来单独对其进行设置。

6.2.4　衰减

"衰减"贴图可以模拟对象表面由深到浅或者由浅到深的过渡效果，在创建不透明的衰减效果时，"衰减"贴图提供了更大的灵活性。"衰减参数"卷展栏如图6-24所示。

下面将对常用选项的含义进行介绍。

◎ 前：侧：用于设置衰减贴图的前和侧通道参数。

◎ 衰减类型：设置衰减的方式，共有垂直/平行、朝向/背离、Fresnel、阴影/灯光、距离混合5个选项。

◎ 衰减方向：设置衰减的方向。

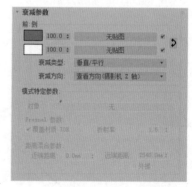

图6-24

> **知识拓展**
>
> Fresnel衰减类型是基于折射率来调整贴图的衰减效果的，在面向视图的曲面上产生暗淡反射，在有角的面上产生较为明亮的反射，创建如同在玻璃面上一样的高光。

3ds Max 建模课堂实录

■ 6.2.5 渐变

"渐变"贴图是指从一种颜色到另一种颜色进行着色，可以创建 3 种颜色的线性或径向渐变效果，其参数卷展栏如图 6-25 所示。

图 6-25

> **知识拓展**
>
> 通过将一个色样托顶到另一个色样上可以交换颜色，单击"复制或交换颜色"对话框中的"交换"按钮完成操作。若需要反转渐变的总体方向，则可交换第一种和第三种颜色。

■ 6.2.6 噪波

"噪波"贴图一般在凹凸通道中使用，用户可以通过设置"噪波参数"卷展栏制作出紊乱不平的表面。"噪波"贴图基于两种颜色或材质的交互创建曲面的随机扰动，是三维形式的湍流图案，其参数卷展栏如图 6-26 所示。

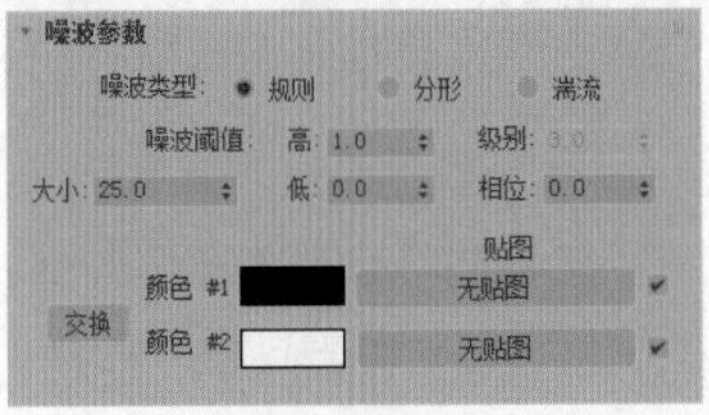

图 6-26

下面对各选项的含义进行介绍。

◎ 噪波类型：共有三种类型，分别是"规则""分形"和"湍流"。

◎ 噪波阈值：控制噪波的效果。

◎ 大小：以 3ds Max 单位设置噪波函数的比例。

◎ 交换：切换两个颜色或贴图的位置。

◎ 颜色 #1 和颜色 #2：从这两个噪波颜色中选择，通过所选颜色生成中间颜色值。

6.3 灯光类型

灯光可以模拟现实生活中的光线效果。3ds Max 中提供了两种类型的灯光：标准灯光和光度学灯光，每种灯光的使用方法不同，模拟光源的效果也不同。所有的灯光类型在视图中都为灯光对象，它们使用相同的参数，包括"阴影"生成器。

■ 6.3.1 标准灯光

标准灯光是基于计算机的模拟灯光对象，如家用或办公室灯、舞台和电影工作时使用的灯光设备和太阳光本身。不同类型的灯光对象可用不同的方法投影灯光，模拟不同种类的光源。标准灯光包括目标聚光灯、自由聚光灯、目标平行光、自由平行光、泛光、天光 6 种材质，下面具体介绍常用灯光的应用范围。

（1）聚光灯。

聚光灯像闪光灯一样投影聚焦光束，包括目标聚光灯和自由聚光灯两种，它们的共同点都是带有光束的光源，但目标聚光灯有目标对象，而自由聚光灯没有目标对象。如图 6-27 所示为灯光光束效果。目标聚光灯和自由聚光灯的照明效果相似，都是形成光束照射在物体上，只是在使用方式上有所不同。

目标聚光灯会根据指定的目标点和光源点创建灯光，在创建灯光后会产生光束，照射物体并产生阴影效果，当有物体遮挡住光束时，光束将被折断。

自由聚光灯没有目标点，单击该按钮后，在任意视图单击鼠标左键即可创建灯光，该灯光常在制作动画时使用。

图 6-27

（3）泛光灯。

（2）平行光。

当太阳在地球表面投影时，所有平行光以同一个方向投影平行光线。平行光主要用于模拟太阳光，可以调整灯光的颜色和位置，并在 3D 空间旋转灯光。

平行光包括目标平行光和自由平行光两种，光束分为圆柱体光束和方形光束。它的发光点和照射点大小相同，该灯光主要用于模拟太阳光的照射、激光光束等。自由平行光和目标平行光的用处相同，常在制作动画时使用。

泛光灯从单个光源向各个方向投影光线，可以照亮整个场景，是很常用的灯光。在场景中创建多个泛光灯，调整色调和位置，可以使场景具有明暗层次。

6.3.2 光度学灯光

光度学灯光和标准灯光的创建方法基本相同，在"参数"卷展栏中可以设置灯光的类型，并导入外部灯光文件模拟真实灯光效果。光度学灯光包括目标灯光、自有灯光和太阳定位器 3 种灯光效果，下面具体介绍各灯光的应用。

（1）目标灯光。

3ds Max 2018 将光度学灯光进行整合，将所有的目标光度学灯光合为一个对象，可以在该对象的卷展栏中选择不同的模板和类型，如图 6-28 所示为所有类型的目标灯光。

（2）自由灯光。

自由灯光是没有目标点的灯光，其参数和目标灯光相同，创建方法也非常简单，在任意视图单击鼠标左键，即可创建自由灯光，如图 6-29 所示。

图 6-28

图 6-29

（3）太阳定位器。

太阳定位器是 3ds Max 2018 版本增加的一个灯光类型。通过设置太阳的距离、日期和时间、气候等参数模拟现实生活中真实的太阳光照，如图 6-30 所示。

光线与对象表面越垂直，对象表面越亮。

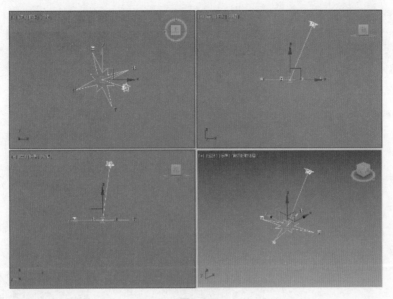

图 6-30

6.4 灯光的基本参数

在创建灯光后，环境中的部分物体会随着灯光而进行显示效果，在参数面板中调整灯光的各项参数，即可达到理想效果。

6.4.1 灯光的强度、颜色与衰减

在标准灯光的"强度/颜色/衰减"卷展栏中，可以对灯光的基本属性进行设置，如图 6-31 所示。

下面将对"强度/颜色/衰减"卷展栏中常用选项的含义进行介绍。

- ◎ 倍增：该参数可以将灯光功率放大一个正或负的量。
- ◎ 颜色：单击色块，可以设置灯光发射光线的颜色。
- ◎ 衰退：该选项组提供了使远处灯光强度减小的方法，包括倒数和平方反比两种方法。
- ◎ 近距衰减：该选项组中提供了控制灯光强度淡入的参数。
- ◎ 远距衰减：该选项组中提供了控制灯光强度淡出的参数。

图 6-31

> **知识拓展**
>
> 灯光衰减时，距离灯光较近的对象表面可能过亮，距离灯光较远的对象表面可能过暗。这种情况可以通过不同的曝光方式解决。

6.4.2 光度学灯光的分布方式

光度学灯光提供 4 种不同的分布方式，用于描述光源发射光线方向。在"常规参数"卷展栏中可以选择不同的分布方式，如图 6-32 所示。

（1）统一球形。

统一球形分布可以在各个方向上均等地分布光线，如图 6-33 所示。

（2）统一漫反射。

统一漫反射分布从曲面发射光线，以正确的角度保持曲面上的灯光强度最大。倾斜角越大，发射灯光的强度越弱，如图 6-34 所示。

（3）聚光灯。

聚光灯分布像闪光灯一样投影聚焦的光束，就像在剧院舞台或枱灯下的聚光区。灯光的光束角度控制光束的主强度，区域角度控制光在主光束之外的"散落"，如图 6-35 所示。

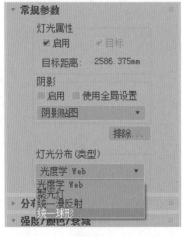

图 6-32

图 6-33

图 6-34

图 6-35

知识拓展

由于灯光始终指向其目标，因此不能沿着其局部 X 轴或 Y 轴进行旋转。但是，可以选择并移动目标对象以及灯光本身。当移动灯光或目标时，灯光的方向会改变。

（4）光度学 Web。

光度学 Web 分布是以 3D 的形式表示灯光的强度，通过该方式可以调用光域网文件，产生异形的灯光强度分布效果，如图 6-36 所示。

当选择"光度学 Web"分布方式时，在相应的卷展栏中可以选择光域网文件并预览灯光的强度分布图，如图 6-37 所示。

图 6-36

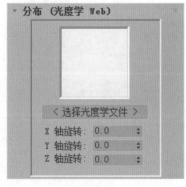

图 6-37

■ 6.4.3　光域网

光域网是模拟真实场景中灯光发光的分布形状而做的一种特殊的光照文件，是结合光能传递渲染使用的，能够使场景渲染出的灯光效果更为真实、层次更明显，效果更好。用户可以把光域网理解为灯光贴图。光域网文件后缀名为 .IES，可以从网络中进行下载。

在"分布（光度学 Web）"卷展栏中单击"选择光度学文件"按钮，系统会打开"打开光域 Web 文件"对话框，即可选择合适的光域网文件，如图 6-38、图 6-39 所示。

图 6-38

图 6-39

> **知识拓展**
>
> 光域网是灯光分布的三维表示。它将测角图表延伸至三维，以便同时检查垂直角度和水平角度上的发光强度。光域网以原点为中心的球体是等向分布的表示方式。图表中的所有点与中心是等距的，因此灯光在所有方向上都可均等地发光。

■ 6.4.4　光度学灯光的形状

光度学灯光不仅可以设置灯光的分布方式，还可以设置发射光线的形状。目标灯光和自由灯光可以切换光线形状，确定灯光为选择状态，在"图形 / 区域阴影"卷展栏中可以设置灯光形状，其中包括点光源、线、矩形、圆形、球体和圆柱体 6 个选项。

（1）点光源。

点光源是光度学灯光中默认的灯光形状，如图 6-40 所示。使用点光源时，灯光与泛光灯照射方法相同，对整体环境进行照明。

（2）线。

使用"线"灯光形状时，光线会从线处向外发射光线，这种灯光类似于真实世界中的荧光灯管效果。在视图中创建目标灯光后，确定灯光为选中状态，打开"修改"选项卡，拖动页面至"图形 / 区域阴影"卷展栏，单击"线"选项，此时视图中灯光会发生更改，如图 6-41 所示。

（3）矩形。

矩形灯光形状是从矩形区域向外发射光线，设置形状为矩形后，下方会出现长度和宽度选项，可以设置矩形的长和宽，设置完成后的视图灯光形状如图 6-42 所示。

图 6-40　　　　　　　　　　图 6-41　　　　　　　　　　图 6-42

（4）圆形。

设置圆形灯光形状后，灯光会从圆形向外发射光线，在"从（图形）发射光线"卷展栏中可以设置圆形形状的半径大小。圆形灯光形状如图 6-43 所示。

（5）球体。

与其他灯光形状相同，灯光会从球体的表面向外发射光线，在其参数卷展栏中可以设置球体的半径大小，设置完成后灯光会更改为球状，如图 6-44 所示。

（6）圆柱体。

设置圆柱体灯光形状后，灯光会从圆柱体表面向外发射光线，在其参数卷展栏中可以设置圆柱体的长度和半径，设置完成后的视图灯光形状如图 6-45 所示。

图 6-43　　　　　　　　　　图 6-44　　　　　　　　　　图 6-45

■ 6.4.5　阴影参数

所有标准灯光类型都具有相同的阴影参数设置，通过设置阴影参数，可以使对象投影产生密度不同或颜色不同的阴影效果。阴影参数直接在"阴影参数"卷展栏中进行设置，如图 6-46 所示。下面具体介绍主要选项的含义。

图 6-46

- ◎ 颜色：单击色块，可以设置灯光投射的阴影颜色，默认为黑色。
- ◎ 密度：控制阴影密度，值越小阴影越淡。
- ◎ 贴图：使用贴图可以应用各种程序贴图与阴影颜色进行混合，产生更复杂的阴影效果。
- ◎ 大气阴影：应用该选项组中的参数，可以使场景中的大气效果也产生投影，并能控制投影的不透明度和颜色数量。

6.5 阴影类型

标准灯光、光度学灯光中所有类型的灯光，在"参数"卷展栏中，除了可以对灯光进行开关设置外，还可以选择不同形式的阴影方式。

■ 6.5.1　阴影贴图

阴影贴图是最常用的阴影生成方式，能产生柔和的阴影，并且渲染速度快。不足之处是会占用大量的内存，并且不支持使用透明度或不透明度贴图的对象。

使用阴影贴图，灯光参数面板中会出现"阴影贴图参数"卷展栏，如图 6-47 所示。

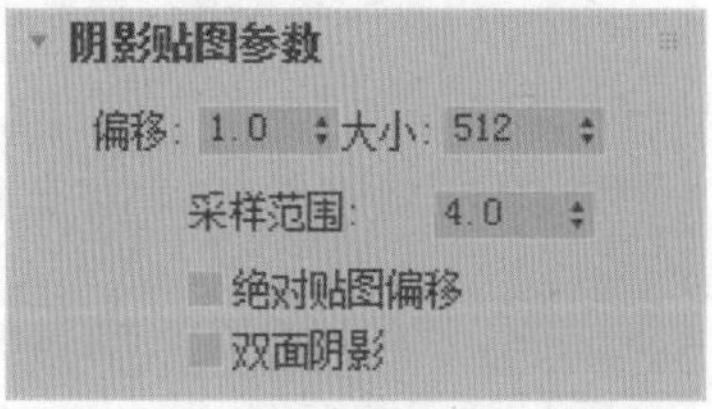

下面对卷展栏中各选项的含义进行介绍。

◎ 偏移：位图偏移面向或背离阴影投射对象移动阴影。

◎ 大小：设置用于计算灯光的阴影贴图大小。

◎ 采样范围：采样范围决定阴影内平均有多少区域，影响柔和阴影边缘的程度。范围为 0.01 ～ 50.00。

◎ 绝对贴图偏移：勾选该复选框，阴影贴图偏移未标准化，以绝对方式计算阴影贴图偏移量。

◎ 双面阴影：勾选该复选框，计算阴影时背面将不被忽略。

图 6-47

■ 6.5.2　区域阴影

所有类型的灯光都可以使用"区域阴影"参数。创建区域阴影，需要设置"虚设"区域阴影的虚拟灯光的尺寸。

使用"区域阴影"后，会出现相应的参数卷展栏，在卷展栏中可以选择产生阴影的灯光类型并设置阴影参数，如图 6-48 所示。

下面对卷展栏中主要选项的含义进行介绍。

◎ 基本选项：在该选项组中可以选择生成区域阴影的方式，包括简单、矩形灯光、圆形灯光、长方形灯光、球形灯光等多种方式。

◎ 阴影完整性：设置在初始光束投射中的光线数。

◎ 阴影质量：用于设置在半影（柔化）区域中投射的光线总数。

◎ 采样扩散：用于设置模糊抗锯齿边缘的半径。

◎ 阴影偏移：用于控制阴影和物体之间的偏移距离。

◎ 抖动量：用于向光线位置添加随机性。

◎ 区域灯光尺寸：该选项组提供尺寸参数以计算区域阴影，该组参数并不影响实际的灯光对象。

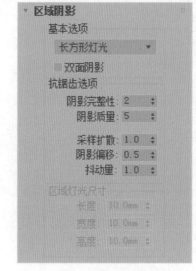

图 6-48

■ 6.5.3　光线跟踪阴影

使用"光线跟踪阴影"功能可以支持透明度和不透明度贴图，产生清晰的阴影，但该阴影类型渲染计算速度较慢，不支持柔和的阴影效果。选择"光线跟踪阴影"选项后，参数面板中会出现相应的卷展栏，如图 6-49 所示。其中，各选项的含义介绍如下。

◎ 光线偏移：该参数设置光线跟踪偏移面向或背离阴影投射
对象移动阴影的多少。

◎ 双面阴影：勾选该复选框，计算阴影时其背面将不被忽略。

◎ 最大四元树深度：该参数可调整四元树的深度。增大四元
树深度值可以缩短光线跟踪时间，但却要占用大量的内存
空间。四元树是一种用于计算光线跟踪阴影的数据结构。

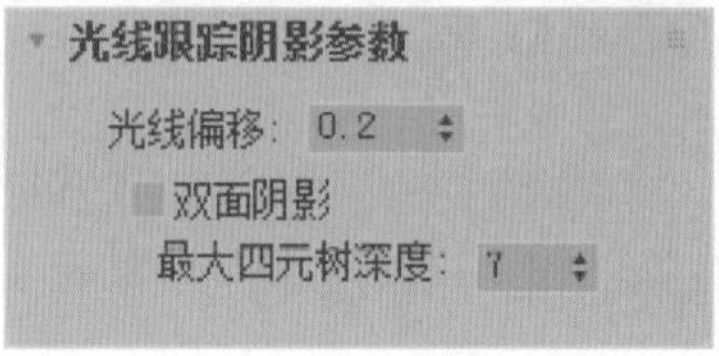

图 6-49

ACAA课堂笔记

课堂实战：为场景创建光源效果

本案例将利用目标灯光结合光域网文件模拟射灯光源效果，具体操作步骤介绍如下。

Step01 打开素材模型场景，如图 6-50 所示。

Step02 渲染场景，初始效果如图 6-51 所示。

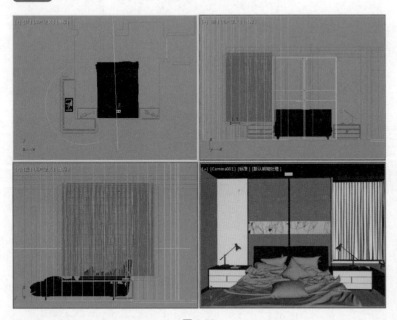

图 6-50

图 6-51

Step03 在"光度学"面板中单击"目标灯光"按钮，在前视图中创建一个目标灯光，调整灯光位置及角度，如图 6-52 所示。

Step04 渲染场景，效果如图 6-53 所示。

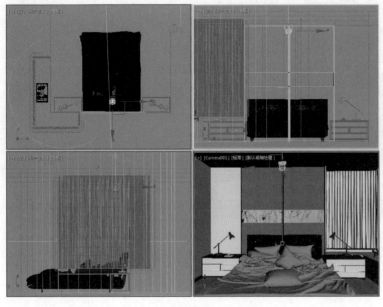

图 6-52

图 6-53

Step05 打开"常规参数"卷展栏，设置阴影类型为"区域阴影"，灯光分布类型为"光度学Web"，如图 6-54 所示。

Step06 在"分布（光度学 Web）"卷展栏中单击"选择光度学文件"按钮，打开"打开光域 Web 文件"对话框，选择合适的光域网文件，接着在"强度 / 颜色 / 衰减"卷展栏中设置灯光颜色及强度，如图 6-55 所示。

Step07 渲染场景，可以看到设置好的射灯光源效果，如图 6-56 所示。

图 6-54   图 6-55   图 6-56

Step08 在"标准"灯光面板中单击"泛光灯"按钮，在台灯处创建泛光灯，灯光参数保持默认，如图 6-57 所示。

Step09 渲染场景，效果如图 6-58 所示。

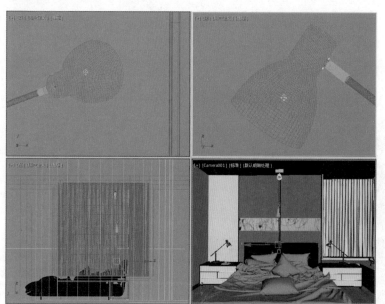 

图 6-57   图 6-58

Step10 单击"目标平行光"按钮，创建一盏目标平行光，调整灯光位置及角度，再调整平行光的聚光区和衰减区，如图 6-59 所示。

Step11 渲染场景，太阳光效果如图 6-60 所示。此时会发现太阳光源被室外的模型遮挡住了。

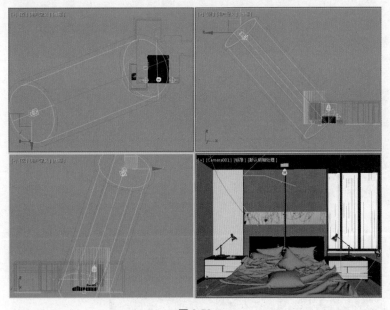

图 6-59

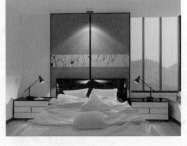

图 6-60

Step12 在"常规参数"卷展栏中单击"排除"按钮，打开"排除 / 包含"对话框，在左侧列表中选择室外风景的模型，将其添加到右侧，如图 6-61 所示。

Step13 单击"确定"按钮关闭对话框，再次渲染场景，效果如图 6-62 所示。

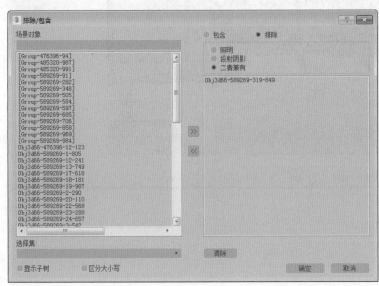

图 6-61

图 6-62

Step14 设置灯光颜色及强度，在"区域阴影"卷展栏中设置阴影形状为"长方体形灯光"，再设置区域灯光尺寸，如图 6-63 所示。

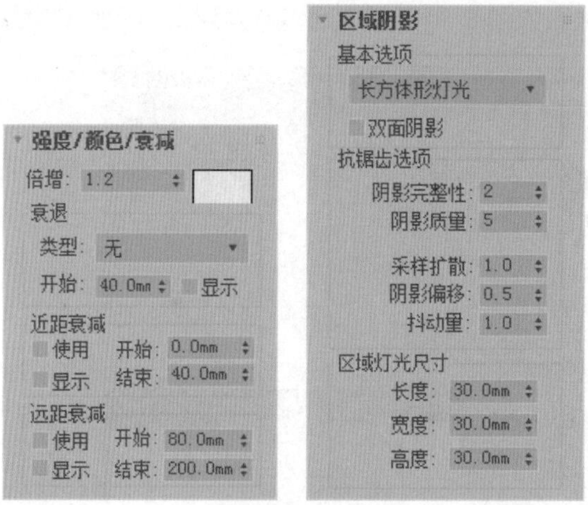

图 6-63

Step15 设置完毕后再次渲染场景，效果如图 6-64 所示。

图 6-64

ACAA课堂笔记

3ds Max 建模课堂实录

课后作业

为了让用户能够更好地掌握本章所学的知识，下面安排了一些 Autodesk、ACAA 认证考试的参考试题，让用户可以对所学的知识进行巩固和练习。

一、填空题

1. 用于编辑材质的对话框被称为_____，打开该对话框的快捷键为_____。
2. 双面材质的名称是_____。
3. 3ds Max 的三大要素是建模、材质、_____。
4. 添加灯光是场景描绘中必不可少的一个环节，通常在场景中表现照明效果应该添加_____；若需要设置舞台灯光，则应该添加_____。

二、选择题

1. 以下哪个不属于 3ds Max 中的默认灯光类型（　　　）。

A. Omni 　　　　　　　B. Target Spot 　　　　　　C. Free Diret 　　　　　　D. Brazil-Light

2. 下面哪种灯光不能控制发光范围（　　　）。

A. 泛光灯 　　　　　　　B. 聚光灯 　　　　　　　C. 直射灯 　　　　　　　D. 天光

3. 3ds Max 中标准灯光的阴影有几种类型（　　　）。

A. 2 　　　　　　　　　B. 3 　　　　　　　　　C. 4 　　　　　　　　　D. 5

4. 下列哪种材质类型可以在背景上产生阴影（　　　）。

A. Raytrace 　　　　　　B. Blend 　　　　　　　C. Morpher 　　　　　　D. Matte/Shadow

三、操作题

1. 本实例将为卧室场景添加太阳光源，效果参考如图 6-65 所示。

图 6-65

2. 本实例将制作生锈材质，效果参考如图 6-66 所示。

图 6-66

第 7 章　摄影机与渲染器

内容导读

当场景中的模型、材质、灯光创建完成后，只需创建摄影机就可对其进行渲染了。创建摄影机后，其位置、摄影角度、焦距等都可以调整，并可设置渲染参数，渲染出真实的光影效果和各种不同的物体质感。

通过对本章内容的学习能够让用户掌握摄影机与渲染器的操作，渲染出更加真实的场景效果。

学习目标

» 了解摄影机知识

» 熟悉摄影机类型

» 掌握目标摄影机的应用

» 熟悉渲染基础知识

» 掌握渲染参数的设置

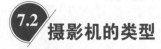

7.1 摄影机概述

灯光可以模拟现实生活中的光线效果。在 3ds Max 中提供了标准和光度学两种灯光类型，每种灯光的使用方法不同，模拟光源的效果也不同。

■ 7.1.1 认识摄影机

真实世界中的摄影机是使用镜头将环境反射的灯光聚焦到具有灯光敏感性曲面的焦点平面，3ds Max 中摄影机相关的参数主要包括焦距和视野。

（1）焦距。

焦距是指镜头与灯光敏感性曲面的焦点平面间的距离。焦距影响成像对象在图片上的清晰度。焦距越小，图片中包含的场景越多。焦距越大，图片中包含的场景越少，但会显示远距离成像对象的更多细节。

（2）视野。

视野控制摄影机可见场景的数量，以水平线度数进行测量。视野与镜头的焦距直接相关，如 35mm 的镜头显示水平线约为 54°，焦距越大则视野越窄，焦距越小则视野越宽。

■ 7.1.2 摄影机的操作

在 3ds Max 中，可以通过多种方法创建摄影机，并能够使用移动和旋转工具对摄影机进行移动和旋转操作，同时应用备用的各种镜头参数以控制摄影机的观察范围和效果。

（1）摄影机的创建与变换。

对摄影机进行移动操作时，通常针对目标摄影机，可以对摄影机和摄影机目标点分别进行移动。由于目标摄影机被约束指向其目标，无法沿着其自身的 X 轴和 Y 轴进行旋转，所以旋转操作主要针对自由摄影机。

（2）摄影机常用参数。

摄影机的常用参数主要包括镜头的选择、视野的设置、大气范围和裁剪范围的控制等。

7.2 摄影机的类型

摄影机可以从特定的观察点表现场景，模拟真实世界中的静止图像、运动图像或视频，并能够制作某些特殊的效果，如景深和运动模糊等。3ds Max 2018 提供三种摄影机类型，包括物理摄影机、目标摄影机和自由摄影机。

■ 7.2.1 物理摄影机

物理摄影机可以模拟用户熟悉的真实摄影机设置，如快门速度、光圈、景深和曝光。借助增强的控件和额外的视口内反馈，让创建逼真的图像和动画变得更加容易。

（1）基本参数。

"基本"参数卷展栏如图 7-1 所示，下面对各参数选项的含义进行介绍。

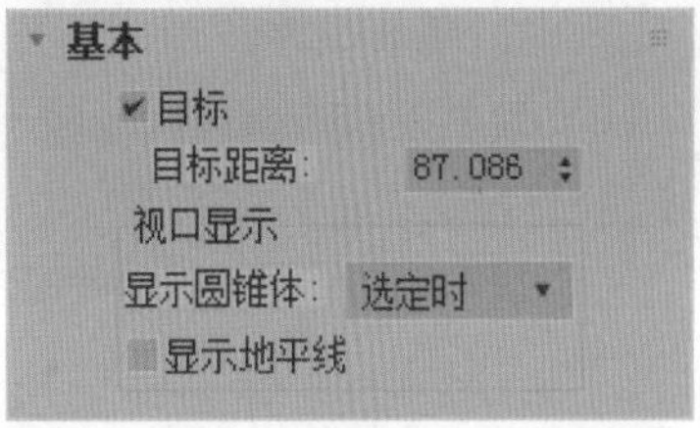

◎ 目标：启用该选项后，摄影机包括目标对象，并与目标摄影机的行为相似。

◎ 目标距离：设置目标与焦平面之间的距离，会影响聚焦、景深等。

◎ 显示圆锥体：在显示摄影机圆锥体时选择"选定时""始终"或"从不"。

◎ 显示地平线：启用该选项后，地平线在摄影机视口中显示为水平线（假设摄影机帧包括地平线）。

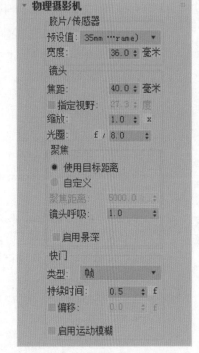

图 7-1

（2）物理摄影机参数。

"物理摄影机"参数卷展栏如图 7-2 所示，下面对常用参数选项的含义进行介绍。

◎ 预设值：选择胶片模型或电荷耦合传感器。选项包括 35mm（全画幅）胶片（默认设置），以及多种行业标准传感器设置。每个设置都有其默认宽度值。"自定义"选项用于选择任意宽度。

◎ 宽度：可以手动调整帧的宽度。

◎ 焦距：设置镜头的焦距，默认值为 40mm。

◎ 指定视野：启用该选项时，可以设置新的视野值。默认的视野值取决于所选的胶片／传感器预设值。

◎ 缩放：在不更改摄影机位置的情况下缩放镜头。

◎ 光圈：将光圈设置为光圈数，或"f 制光圈"。此值将影响曝光和景深。光圈值越低，光圈越大并且景深越窄。

◎ 镜头呼吸：通过将镜头向焦距方向移动或远离焦距方向以调整视野。镜头呼吸值为 0.0 表示禁用此效果。默认值为 1.0。

◎ 启用景深：启用该选项时，摄影机在不等于焦距的距离上生成模糊效果。景深效果的强度基于光圈设置。

◎ 类型：选择测量快门速度使用的单位。帧（默认设置），通常用于计算机图形；分或分秒，通常用于静态摄影；度，通常用于电影摄影。

图 7-2

◎ 偏移：启用该选项时，指定相对于每帧的开始时间的快门打开时间，更改此值会影响运动模糊。

◎ 启用运动模糊：启用该选项后，摄影机会生成运动模糊效果。

知识拓展

　　物理摄影机的功能非常强大，作为 3ds Max 自带的目标摄影机而言，它具有很多优秀的功能，如焦距、光圈、白平衡、快门速度和曝光等。这些参数与单反相机是非常相似的，因此想要熟练地应用物理摄影机，可以适当学习一些单反相机的相关知识。

（3）曝光参数。

"曝光"参数卷展栏如图 7-3 所示，下面对常用参数选项的含义进行介绍。

◎ 曝光控制已安装：单击以使物理摄影机曝光控制处于活动状态。

◎ 手动：通过 ISO 值设置曝光增益。当此选项处于活动状态时，通过此值、快门速度和光圈设置计算曝光。该数值越高，曝光时间越长。

◎ 目标：设置与三个摄影曝光值的组合相对应的单个曝光值。每次增加或降低 EV 值，对应地也会分别减少或增加有效的曝光。因此，值越高，生成的图像越暗；值越低，生成的图像越亮。默认设置为 6.0。

◎ 光源：按照标准光源设置色彩平衡。

◎ 温度：以色温形式设置色彩平衡，以开尔文温度表示。

◎ 启用渐晕：启用该选项时，渲染模拟出现在胶片平面边缘的变暗效果。

图 7-3

（4）散景（景深）参数。

"散景（景深）"参数卷展栏如图 7-4 所示，下面对常用参数选项的含义进行介绍。

◎ 圆形：散景效果基于圆形光圈。

◎ 叶片式：散景效果使用带有边的光圈。使用"叶片"值设置每个模糊圈的边数，使用"旋转"值设置每个模糊圈旋转的角度。

◎ 自定义纹理：使用贴图以用图案替换每种模糊圈。

◎ 中心偏移（光环效果）：使光圈透明度向中心（负值）或边（正值）偏移。正值会增加焦区域的模糊量，负值会减小模糊量。

◎ 光学渐晕（CAT 眼睛）：通过模拟猫眼效果使帧呈现渐晕效果。

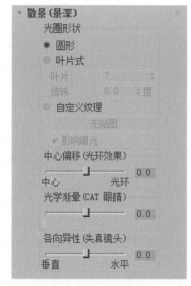

图 7-4

■ 7.2.2 目标摄影机

目标摄影机用于观察目标点附近的场景内容，由摄影机、目标点两部分组成，可以很容易地单独进行控制调整，并分别设置动画。

（1）常用参数。

摄影机的常用参数主要包括镜头的选择、视野的设置、大气范围和裁剪范围的控制等，如图 7-5 所示为目标摄影机对象与相应的参数卷展栏。

下面对常用参数选项的含义进行介绍。

◎ 镜头：以毫米为单位设置摄影机的焦距。

◎ 视野：用于决定摄影机查看区域的宽度，可以通过水平、垂直或对角线 3 种方式测量应用。

3ds Max 建模课堂实录

◎ 备用镜头：该选项组用于选择各种常用预置镜头。

◎ 显示：显示出在摄影机锥形光线内的矩形。

◎ 近距 / 远距范围：设置大气效果的近距范围和远距范围。

◎ 手动剪切：启用该选项可以定义剪切的平面。

◎ 近距 / 远距剪切：设置近距和远距平面。

◎ 目标距离：当使用目标摄影机时，设置摄影机与其目标之间的距离。

（2）景深参数。

景深是多重过滤效果，通过模糊到摄影机焦点某距离处帧的区域，使图像焦点之外的区域产生模糊效果。

景深的启用和控制，主要在摄影机参数面板的"多过程效果"选项组和"景深参数"卷展栏中进行，如图 7-6 所示。

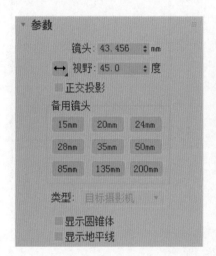  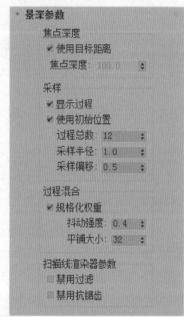

图 7-5 图 7-6

下面对常用参数选项的含义进行介绍。

◎ 使用目标距离：启用该选项后，系统会将摄影机的目标距离用作每个过程偏移摄影机的点。

◎ 焦点深度：当关闭"使用目标距离"选项后，该选项可以用来设置摄影机的偏移深度。

◎ 显示过程：启用该选项后，"渲染窗窗口"对话框中将显示多个渲染通道。

◎ 使用初始位置：启用该选项后，第一个渲染过程将位于摄影机的初始位置。

◎ 过程总数：设置生成景深效果的过程数。增大该值可以提高效果的真实度，但是会增加渲染时间。

◎ 采样半径：设置模糊半径。数值越大，模糊越明显。

■ 7.2.3　自由摄影机

自由摄影机在摄影机指向的方向查看区域，与目标摄影机非常相似，不同的是自由摄影机比目标摄影机少一个目标点，自由摄影机由单个图标表示，可以更轻松地设置摄影机动画。其参数卷展栏与目标摄影机基本相同，这里不再赘述。

知识拓展

如果场景中只有一个摄影机时，按快捷键 C，视图将会自动转换为摄影机视图；如果场景中有多个摄影机，按快捷键 C，系统将会弹出"选择摄影机"对话框，用户从中选择需要的摄影机即可，如图 7-7 所示。

图 7-7

ACAA课堂笔记

■ 实例：创建目标摄影机

本案例中将介绍目标摄影机的应用方法，具体操作步骤介绍如下。

Step01 打开素材场景，调整透视视口，如图 7-8 所示。

Step02 渲染场景，观察透视视口下的效果，如图 7-9 所示。

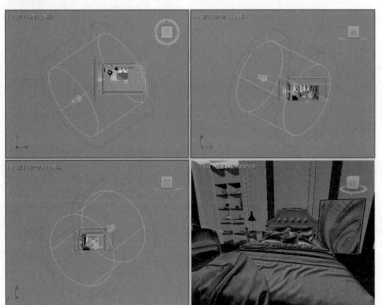

图 7-8

图 7-9

Step03 在"标准"摄影机面板中单击"目标"按钮，为场景创建目标摄影机，调整摄影机位置及角度，如图 7-10 所示。

Step04 调整摄影机镜头及剪切平面，如图 7-11 所示。

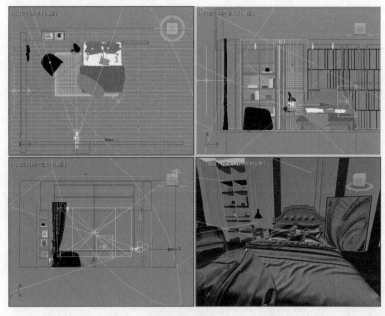 

图 7-10   图 7-11

Step05 再次调整摄影机，切换到透视视口，按快捷键 C 切换到摄影机视口，如图 7-12 所示。

Step06 渲染摄影机视口，使用摄影机后的效果如图 7-13 所示。

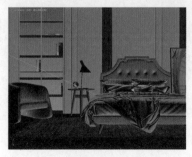 

图 7-12   图 7-13

7.3 渲染基础知识

对于 3ds Max 三维设计软件来讲，对系统要求较高，无法实时预览，因此需要先进行渲染才能看到最终效果。可以说，渲染是效果图创建过程中最为重要的一个环节，下面首先对渲染的相关基础知识进行介绍。

■ 7.3.1 渲染器类型

渲染器的类型很多，3ds Max 2018 自带 4 种渲染器，分别是 ART 渲染器、Quicksilver 硬件渲染器、VUE 文件渲染器、扫描线渲染器。此外，用户还可以使用外置的渲染器插件，比如 VRay 渲染器等，如图 7-14 所示。

图 7-14

下面对各渲染器的含义进行介绍。

（1）ART 渲染器。

ART 渲染器可以为任意的三维空间工程提供真实的基于硬件的灯光现实仿真技术，各部分独立，互不影响，实时预览功能强大，支持尺寸和 dpi 格式。

（2）Quicksilver 硬件渲染器。

Quicksilver 硬件渲染器使用图形硬件生成渲染。Quicksilver 硬件渲染器的一大优点是它的速度。默认设置提供快速渲染。

（3）VUE 文件渲染器。

VUE 文件渲染器可以创建 VUE(.vue) 文件。VUE 文件使用可编辑 ASCII 格式。

（4）扫描线渲染器。

扫描线渲染器是默认的渲染器，默认情况下，通过"渲染场景"对话框或者 Video Post 渲染场景时，可以使用扫描线渲染器。扫描线渲染器是一种多功能渲染器，可以将场景渲染为从上至下生成的一系列扫描线。默认扫描线渲染器的渲染速度是最快的，但是真实度一般。扫描线渲染器渲染效果如图 7-15 所示。

图 7-15

（5）VRay 渲染器。

VRay 渲染器是渲染效果相对比较优质的渲染器。VRay 渲染器渲染效果如图 7-16 所示。

图 7-16

7.3.2　渲染输出设置

"公用参数"卷展栏用于设置所有渲染器的公用参数。其参数卷展栏如图 7-17 所示。

下面对常用参数选项的含义进行介绍。

◎ 单帧：仅当前帧。

◎ 要渲染的区域：分为视图、选定对象、区域、裁剪、放大。

◎ 选择的自动区域：该选项控制选择的自动渲染区域。

◎ 输出大小：下拉列表中可以选择几个标准的电影和视频分辨率以及纵横比。

◎ 光圈宽度（毫米）：指定用于创建渲染输出的摄影机光圈宽度。

◎ 宽度和高度：以像素为单位指定图像的宽度和高度。

◎ 预设分辨率按钮（320×240、640×480 等）：选择预设分辨率。

◎ 图像纵横比：设置图像的纵横比。

◎ 像素纵横比：设置显示在其他设备上的像素纵横比。

◎ 大气：启用此选项后，渲染任何应用的大气效果，如体积雾。

◎ 效果：启用此选项后，渲染任何应用的渲染效果，如模糊。

◎ 保存文件：启用此选项后，渲染时 3ds Max 会将渲染后的图像或动画保存到磁盘。

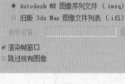

图 7-17

■ 实例：保存图像

在渲染场景后，渲染结果就会显示在渲染帧窗口中，利用该窗口可以设置图像的保存路径、格式和名称。下面将具体介绍保存渲染效果的方法。

`Step01` 激活透视视图，按 **F9** 快捷键，打开 VRay 渲染帧窗口渲染视图，渲染完成后单击窗口上方的"保存"按钮，如图 7-18 所示。

`Step02` 打开"保存图像"对话框，在其中设置保存路径、名称和格式，如图 7-19 所示。

图 7-18

图 7-19

Step03 单击"保存"按钮，打开"PNG 配置"对话框，并在其中设置图像质量各选项，设置完成后单击"确定"按钮，即可保存图像，如图 7-20 所示。

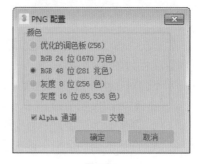

图 7-20

■ 实例：局部渲染场景

本案例将利用渲染帧窗口来渲染指定区域内的效果，操作步骤介绍如下。

Step01 打开素材模型，如图 7-21 所示。

Step02 渲染摄影机视口效果如图 7-22 所示。

图 7-21

图 7-22

Step03 为台灯创建光源，如图 7-23 所示。

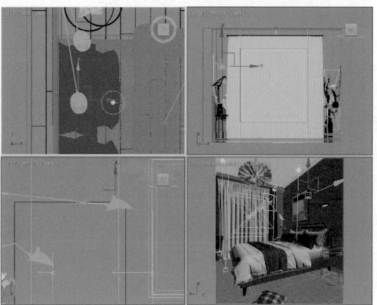

图 7-23

Step04 为了快速预览光源效果，可以在渲染帧窗口中设置要渲染的区域类型为"区域"，调整区域选框，如图 7-24 所示。

Step05 单击"渲染"按钮，再次进行渲染，如图 7-25 所示。

Step06 灯光效果达到需求后，即可重新设置要渲染的区域类型为"视图"，重新渲染效果，如图 7-26 所示。

图 7-24   图 7-25   图 7-26

ACAA课堂笔记

课堂实战：渲染卧室场景

不同的渲染器所渲染的效果也略有不同，下面仅以 VRay 渲染器为例介绍测试图与最终图的渲染方法，具体操作步骤介绍如下。

Step01 打开素材文件，此时灯光、材质、摄影机等已经创建完毕，如图 7-27 所示。

Step02 在未设置渲染器的情况下，渲染摄影机视图效果如图 7-28 所示。

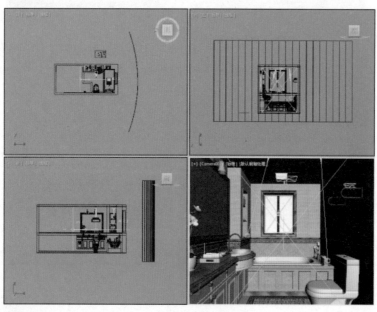

图 7-27

图 7-28

Step03 在"帧缓冲"卷展栏中取消勾选"启用内置帧缓冲区"复选框，如图 7-29 所示。

Step04 在"图像采样（抗锯齿）"卷展栏中设置抗锯齿类型为块；在"图像过滤"卷展栏中取消勾选"图像过滤器"复选框，如图 7-30 所示。

Step05 在"颜色贴图"卷展栏中设置类型为指数，如图 7-31 所示。

图 7-29

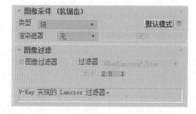

图 7-30

图 7-31

Step06 在"全局光照"卷展栏中设置首次引擎为发光贴图；在"发光贴图"卷展栏中设置当前预设为非常低，设置细分值为 20，如图 7-32 所示。

Step07 在"灯光缓存"卷展栏中设置细分值为 200，如图 7-33 所示。

图 7-32   图 7-33

Step08 渲染摄影机视图效果如图 7-34 所示。

图 7-34

Step09 进行最终效果的渲染设置，设置出图大小，如图 7-35 所示。

Step10 在"图像采样（抗锯齿）"卷展栏中设置抗锯齿类型为渐进，在"图像过滤"卷展栏中勾选"图像过滤器"，设置过滤器类型，如图 7-36 所示。

Step11 在"全局 DMC"卷展栏高级模式中勾选"使用局部细分"复选框，设置自适应数量为 0.75，如图 7-37 所示。

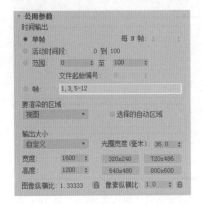

图 7-35   图 7-36   图 7-37

Step12 在"发光贴图"卷展栏中设置当前预设为高，细分和插值采样值分别为 50；在"灯光缓存"卷展栏中设置细分值为 1200，如图 7-38 所示。

Step13 在"系统"卷展栏中设置序列方式为"顶～底"，如图 7-39 所示。

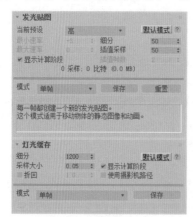
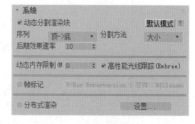

图 7-38   图 7-39

Step14 渲染摄影机视图效果如图 7-40 所示。

图 7-40

3ds Max 建模课堂实录

ACAA课堂笔记

课后作业

为了让用户能够更好地掌握本章所学的知识，下面安排了一些 Autodesk、ACAA 认证考试的参考试题，让用户可以对所学的知识进行巩固和练习。

一、填空题

1. 渲染场景的快捷方式为＿＿＿＿。
2. 在摄影机参数中可用于控制镜头尺寸大小的是＿＿＿＿、＿＿＿＿。
3. 在渲染输出之前，要先确定好将要输出的视图，渲染效果建立在＿＿＿＿的基础上。
4. 单独指定要渲染的帧数应使用＿＿＿＿。

二、选择题

1. 以下哪个为 3ds Max 的默认渲染器（　　　）。
A. Scanline B. Brazil
C. Vray D. Insight
2. 以下哪种是 3ds Max 提供的摄影机类型（　　　）。
A. 动画摄影机 B. 目标摄影机
C. 穹顶摄影机 D. 漫游摄影机
3.（　　　）控制渲染图片的亮暗，数值越大，表示感光系数越大，图片也就越暗。
A. 胶片规格 B. 焦距
C. 快门速度 D. 胶片速度
4. 下面说法中正确的是（　　　）。
A. 不管使用何种规格输出，宽度和高度的尺寸单位都为像素
B. 不管使用何种规格输出，宽度和高度的尺寸单位都为毫米
C. 尺寸越大，渲染时间越长，图像质量越低
D. 尺寸越大，渲染时间越短，图像质量越低

三、操作题

1. 本实例将为客厅场景创建摄影机，效果参考如图 7-41 所示。

图 7-41

2. 本实例是渲染卫生间场景，效果参考如图 7-42 所示。

图 7-42

实战案例篇
Field Case

第 8 章

创建基础模型

内容导读

在效果图的制作过程中，用户需要创建场景模型并加以渲染。对于场景中的单品模型，用户可以直接从网上下载成品模型，也可以亲自进行模型的创建。本章将为用户介绍两款单品模型的创建，结合前面章节所学知识介绍相关操作步骤。

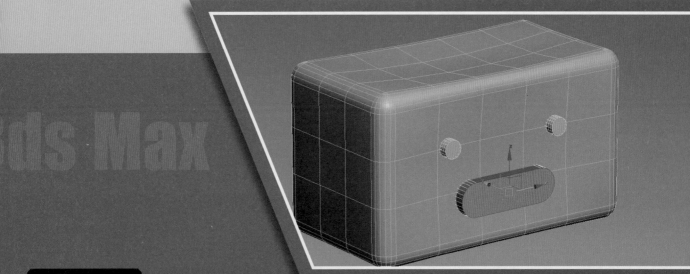

学习目标

>> 掌握沙发椅模型的创建

>> 掌握闹钟模型的创建

8.1 创建沙发椅模型

本案例将介绍一个沙发椅模型的创建，通过创建步骤介绍可编辑多边形和镜像命令的应用。

8.1.1 创建椅子面

首先利用多边形编辑功能创建椅子面模型，具体操作步骤介绍如下。

Step01 单击"长方体"按钮，创建一个尺寸为 500mm×500mm×300mm 的长方体模型，如图 8-1 所示。

Step02 将其转换为可编辑多边形，进入"多边形"子层级，选择如图 8-2 所示的多边形。

Step03 按 Delete 键删除多边形，如图 8-3 所示。

图 8-1

图 8-2

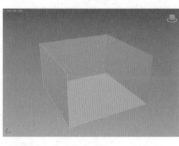
图 8-3

Step04 进入"边"子层级，在前视图选择如图 8-4 所示的边。

Step05 在"编辑边"卷展栏中单击"连接"设置按钮，设置连接分段为 10，创建出连接线，如图 8-5 所示。

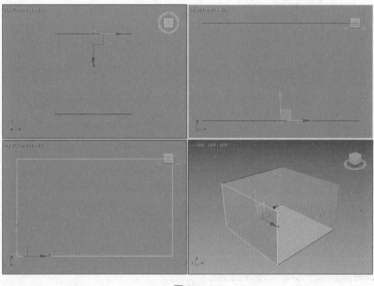

图 8-4

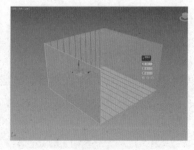
图 8-5

Step06 在左视图选择如图 8-6 所示的边线。

Step07 单击"连接"按钮，设置连接分段为10，创建连接线，如图8-7所示。

Step08 在前视图选择竖向边线，单击"连接"按钮，设置连接分段为6，创建连接线，如图8-8所示。

Step09 进入"顶点"子层级，在前视图中选择并调整顶点，如图8-9所示。

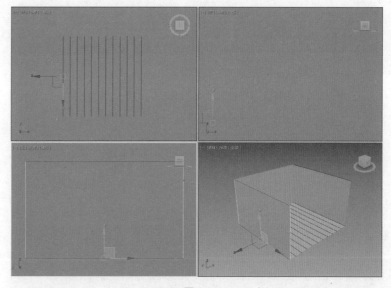

图 8-6

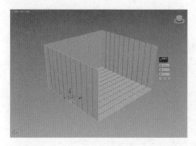

图 8-7

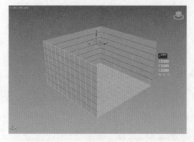

图 8-8

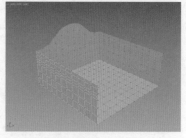

图 8-9

Step10 在顶视图和前视图中调整顶点，如图8-10所示。

Step11 在前视图和左视图中调整顶点，如图8-11所示。

Step12 为多边形添加"壳"修改器，设置外部量为5，分段值为3，效果如图8-12所示。

Step13 为模型添加"网格平滑"修改器，设置迭代次数为2，完成椅子面的制作，效果如图8-13所示。

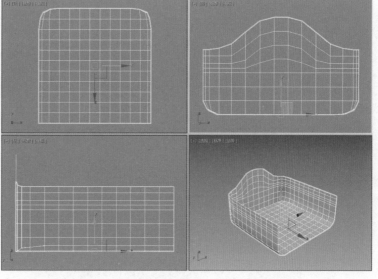

图 8-10

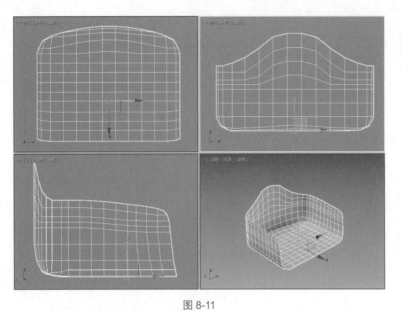

图 8-12

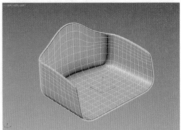

图 8-11

图 8-13

■ 8.1.2　创建椅子腿

接下来创建椅子腿模型，具体操作步骤介绍如下。

Step01 单击"圆柱体"按钮，创建一个半径为 15mm、高度为 420mm 的圆柱体，再设置分段数为 5，如图 8-14 所示。

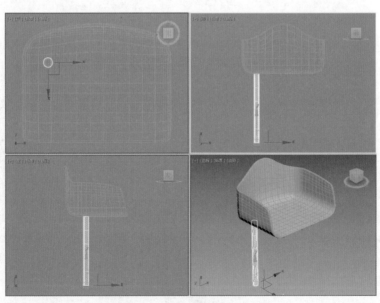

图 8-14

Step02 将其转换为可编辑多边形，进入"顶点"子层级，选择如图 8-15 所示的顶点。

Step03 在"软选择"卷展栏中勾选"使用软选择"复选框，设置衰减值为 200，选择效果如图 8-16 所示。

Step04 激活缩放工具，在顶视
图中缩放顶点，如图 8-17 所示。

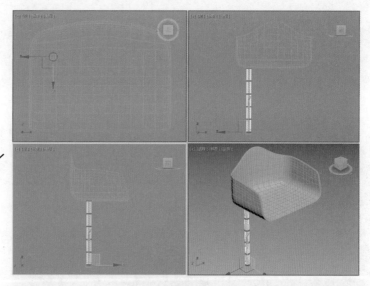

图 8-15

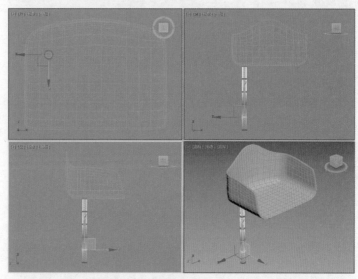

图 8-16

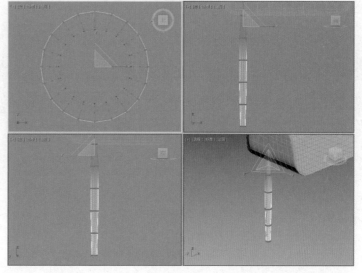

图 8-17

Step05 退出子层级，激活旋转工具，分别在前视图和左视图中旋转对象，并调整到合适的位置，如图 8-18 所示。

Step06 在工具栏中单击"镜像"按钮，打开镜像对话框，设置镜像轴为 X 轴，克隆方式为实例，如图 8-19 所示。

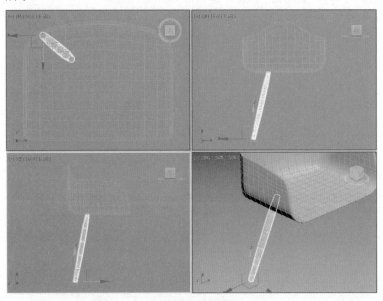

图 8-18

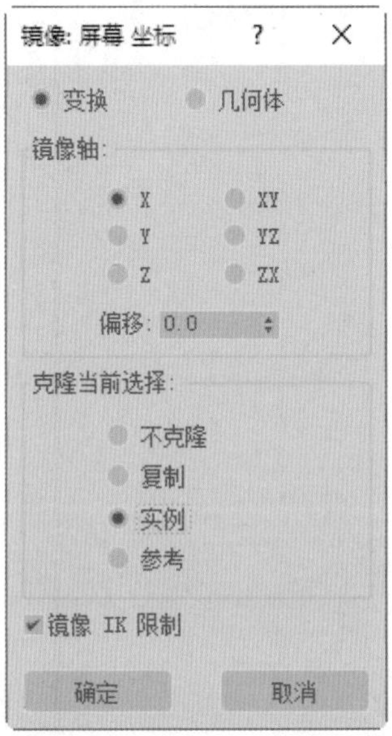

图 8-19

Step07 将镜像复制的模型调整到合适位置，如图 8-20 所示。

Step08 继续镜像复制椅子腿模型，如图 8-21 所示。

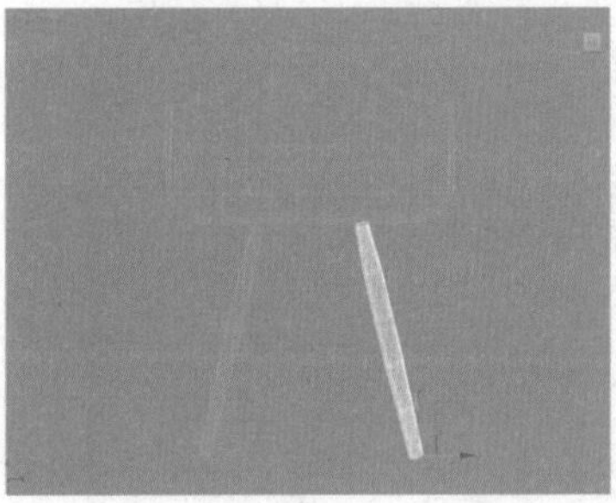

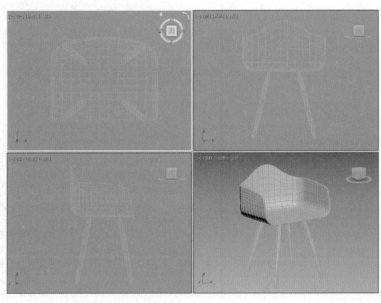

图 8-20

图 8-21

Step09 单击"圆柱体"按钮，创建一个半径为 2mm、高度为 300mm 的圆柱体，旋转并调整其位置，作为椅子腿的支架，如图 8-22 所示。

3ds Max 建模课堂实录

Step10 激活旋转工具，按住 Shift 键进行旋转复制，如图 8-23 所示。

Step11 继续旋转复制支架模型，完成椅子模型的制作，如图 8-24 所示。

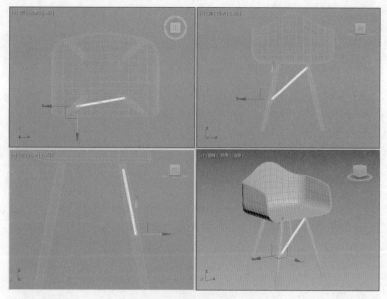

图 8-22

 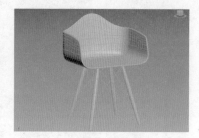

图 8-23   图 8-24

8.2 创建闹钟模型

本案例将介绍闹钟模型的创建，通过对闹钟的创建过程，介绍布尔以及"晶格"修改器的应用。

■ 8.2.1 创建闹钟主体

首先创建闹钟的主体模型，具体操作步骤介绍如下。

Step01 单击"切角长方体"按钮，在顶视图创建一个切角长方体，设置尺寸为 290mm×520mm×300mm，设置圆角尺寸为 30mm，再设置分段，如图 8-25 所示。

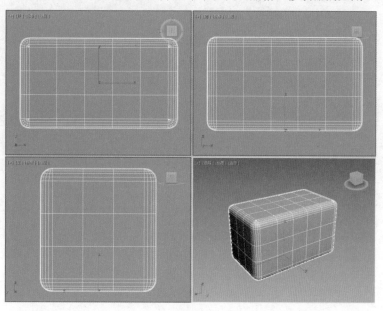

图 8-25

为切角长方体添加一个"FFD3×3×3"修改器，如图 8-26 所示。

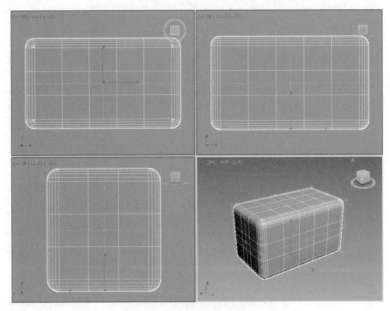

图 8-26

Step03 激活"晶格点"子层级，在前视图中选择中间的晶格点，并在左视图中沿 X 轴进行缩放，如图 8-27 所示。

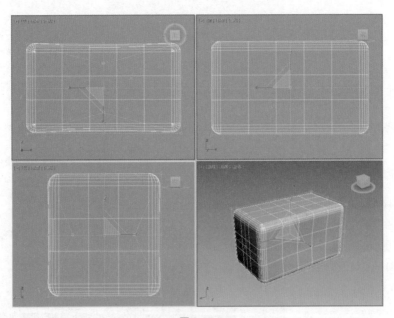

图 8-27

Step04 在顶视图中选择中间的晶格点，在左视图中缩放对象，如图 8-28 所示。

Step05 调节后的模型效果如图 8-29 所示。

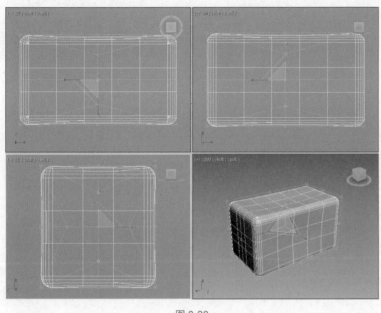

图 8-28

图 8-29

Step06 在前视图创建一个半径为 16mm、高度为 26mm 的圆柱体，调整到模型的合适位置，如图 8-30 所示。

Step07 按住 Shift 键移动对象，复制出一个圆柱体，并移动到合适位置，如图 8-31 所示。

Step08 单击"矩形"按钮，创建一个尺寸为 60mm×200mm 的矩形，并设置角半径为 30mm，如图 8-32 所示。

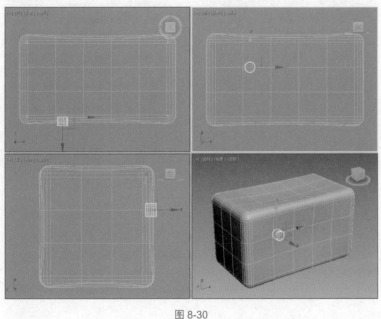

图 8-31

图 8-30

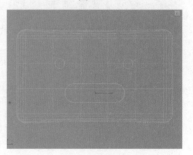

图 8-32

Step09 为矩形添加"挤出"修改器，设置挤出值为 40mm，调整模型的位置，如图 8-33 所示。

Step10 将其转换为可编辑多边形，进入"多边形"子层级，选择如图 8-34 所示的面。

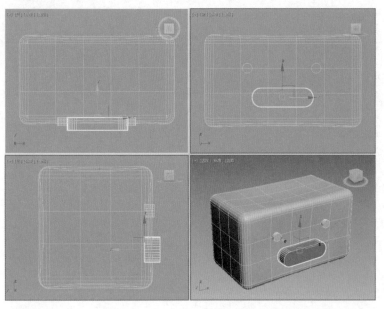

图 8-33

图 8-34

Step11 在"编辑多边形"卷展栏中单击"插入"设置按钮,设置插入值为 4,如图 8-35 所示。

Step12 单击"挤出"设置按钮,设置挤出值为 -4,效果如图 8-36 所示。

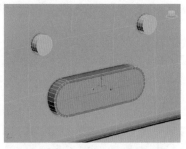

图 8-35

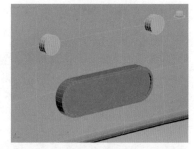

图 8-36

Step13 在前视图中创建文本"12:50",设置字体为黑体、大小为 50,如图 8-37 所示。

Step14 为其添加"挤出"修改器,设置挤出值为 1,调整到合适位置,完成闹钟主体模型的创建,如图 8-38 所示。

图 8-37

图 8-38

■ 8.2.2 创建轮子支架模型

下面创建轮子支架模型,具体操作步骤介绍如下。

Step01 单击"管状体"按钮,创建一个半径 1 为 160mm、半径 2 为 200mm、高度为 40mm 的管状体,再设置高度分段数为 2,调整对象位置,如图 8-39 所示。

Step02 将其转换为可编辑多边形,选择如图 8-40 所示的边。

Step03 在左视图中向内缩放边线,如图 8-41 所示。

图 8-39

图 8-40

图 8-41

Step04 在"编辑边"卷展栏中单击"切角"设置按钮,设置切角量为 8、分段为 5,如图 8-42 所示。

Step05 选择中间的一圈边线,如图 8-43 所示。

Step06 单击"切角"按钮,设置切角量为 5、分段为 5,如图 8-44 所示。

图 8-42

图 8-43

图 8-44

Step07 单击"圆柱体"按钮,创建一个半径为 160mm、高度为 20mm 的圆柱体,设置端面分段为 2、边数为 40,调整其位置,如图 8-45 所示。

Step08 将其转换为可编辑多边形,进入"顶点"子层级,在左视图中选择如图 8-46 所示的顶点。

Step09 在左视图中缩放顶点,如图 8-47 所示。

创建基础模型

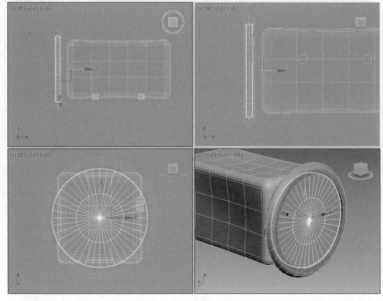

图 8-46

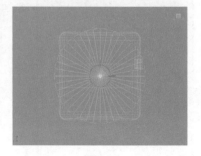
图 8-47

图 8-45

Step10 进入"多边形"子层级，分别从左视图和右视图中选择如图 8-48 所示的面。

Step11 在"编辑多边形"卷展栏中单击"桥"按钮，即可创建出镂空效果，如图 8-49 所示。

Step12 照此方法再创建三个镂空效果，并删除多余的面，如图 8-50 所示。

Step13 为其添加"细分"修改器，设置细分大小为 10，如图 8-51 所示。

Step14 添加"网格平滑"修改器，默认迭代次数为 1，如图 8-52 所示。

Step15 选择轮子外圈，在"编辑几何体"卷展栏中单击"附加"按钮，再拾取齿轮模型，使其成为一个整体，如图 8-53 所示。

Step16 复制轮子模型到另一侧，即可完成闹钟模型的制作，如图 8-54 所示。

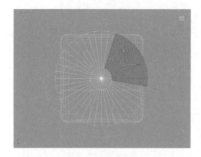

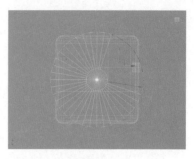

图 8-48

图 8-49

图 8-50

图 8-51

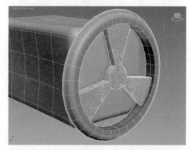

图 8-52

图 8-53

图 8-54

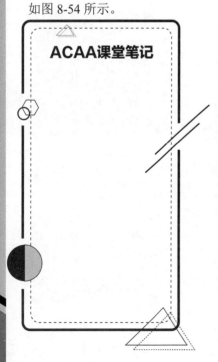

ACAA课堂笔记

第 < 9 > 章

创建卫生间场景

内容导读

　　本案例中将为用户介绍卫生间场景模型的创建，在整个创建过程中，用户可以学习到 3ds Max 中"样条线"工具、"挤出"修改器、"车削"修改器、可编辑多边形等知识的实际应用，使用户熟悉相关工具的操作技巧。

学习目标

》　掌握建筑结构的创建

》　掌握家具模型的创建

》　掌握成品模型的合并操作

本节首先来创建卫生间的建筑结构，包括墙、顶、地以及窗户模型等。

■ 9.1.1 创建建筑结构

本案例中的卫生间结构模型看起来较为简易，但制作起来还是比较复杂的，涉及前面章节所学习的诸多知识，如可编辑多边形、"挤出"修改器等，具体操作步骤介绍如下。

Step01 单击"长方体"按钮，在视图中创建一个尺寸为 8000mm×5500mm×2800mm 的长方体，如图 9-1 所示。

Step02 将长方体转换成可编辑多边形，在"修改"面板中激活"多边形"子层级，选择一侧多边形按 Delete 键删除，接着按 Ctrl+A 组合键选中所有面，翻转法线，如图 9-2 所示。

Step03 激活"边"子层级，选择可编辑多边形的上下边线，单击"连接"按钮，在弹出的"连接"对话框中设置参数为 2，给墙体添加新的分段，如图 9-3 所示。

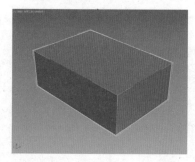
图 9-1

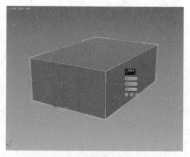
图 9-3

Step04 激活"顶点"子层级，利用"选择并移动"工具在顶视图中对顶点进行调整，将模型调整出一个凹角，如图 9-4 所示。

图 9-4

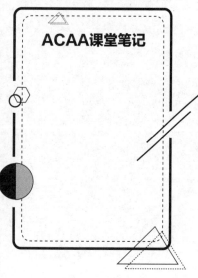
ACAA课堂笔记

Step05 激活"边"子层级，在透视视图中选择凹角旁边的上下两条边线，单击"连接"设置按钮，设置连接数为 2，为墙体添加新的分段，如图 9-5 所示。

Step06 选择右侧的边并沿 X 轴调整位置，如图 9-6 所示。

Step07 再次选择新创建的两条边，单击"连接"按钮，设置连接数为 2，为墙体添加新的分段，如图 9-7 所示。

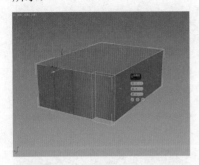
图 9-5

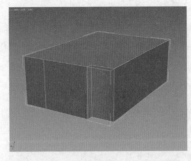
图 9-6

图 9-7

Step08 调整边的高度，制作出窗户的轮廓，如图 9-8 所示。

Step09 激活"多边形"子层级，选择中间的多边形，单击"挤出"按钮，设置挤出值为 −240mm，为多边形创建厚度，如图 9-9 所示。

Step10 按 Delete 键删除多边形制作出窗洞，如图 9-10 所示。

Step11 照此方式在右侧再制作出一个窗洞，如图 9-11 所示。

图 9-8

图 9-9

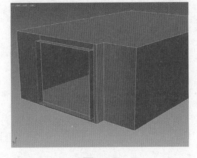
图 9-10

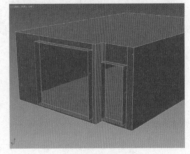
图 9-11

■ 9.1.2　创建窗户模型

　　下面为创建好的窗洞创建简约的窗户模型，具体操作步骤介绍如下。

Step01 单击"长方体"按钮，在前视图中创建一个长方体，设置厚度为 120mm 并调整位置，如图 9-12 所示。

Step02 孤立对象，将其转换为可编辑多边形，激活"多边形"子层级，选择如图 9-13 所示的前后面。

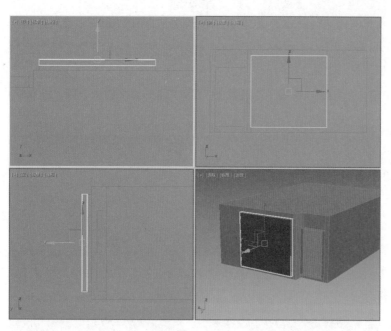

图 9-12

图 9-13

Step03 单击"插入"设置按钮，设置插入值为 50mm，向内创建一个新的多边形，如图 9-14 所示。

Step04 单击"挤出"设置按钮，设置挤出值为﹣50mm，如图 9-15 所示。

Step05 单击"桥"按钮，将框架中间的面打通，如图 9-16 所示。

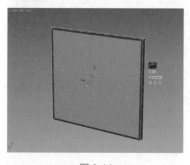

图 9-14

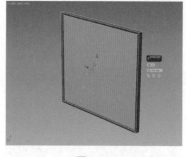

图 9-15

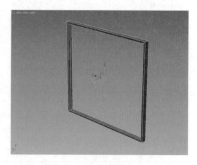

图 9-16

Step06 单击"挤出"设置按钮，在弹出的"挤出"对话框中设置"局部法线"挤出参数为 -10mm，如图 9-17 所示。

Step07 激活"边"子层级，双击选择如图 9-18 所示的两圈边线。

Step08 单击"切角"设置按钮，创建切角量为 2mm，如图 9-19 所示。

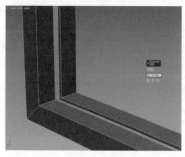

图 9-17

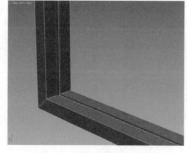

图 9-18

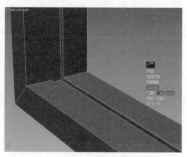

图 9-19

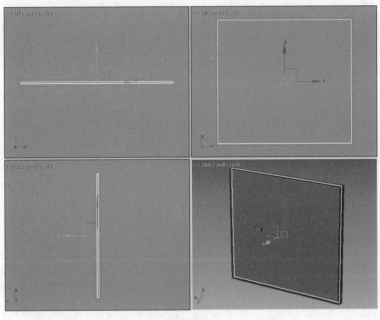

图 9-20

Step09 创建厚度为 20mm 的长方体作为玻璃模型，如图 9-20 所示。

Step10 在菜单栏中选择"组"|"成组"命令，把选中的物体成组，取消隐藏所有物体，再按照上述操作步骤为小窗洞创建窗户模型，如图 9-21 所示。

图 9-21

9.2 创建家具模型

接下来为卫生间创建部分家具模型，包括浴室镜模型、洗漱台模型、浴缸模型等。

9.2.1 创建浴室镜模型

首先为场景创建圆形的浴室镜模型，该模型的创建方法非常简单，具体操作步骤介绍如下。

Step01 单击"圆柱体"按钮，在前视图中创建一个半径为 250mm、高度为 40mm 的圆柱体，如图 9-22 所示。

Step02 将其转换为可编辑多边形，激活"多边形"子层级，选择如图 9-23 所示的面。

Step03 单击"插入"设置按钮，设置插入值为 20mm，如图 9-24 所示。

图 9-22

图 9-23

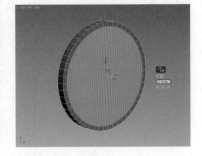

图 9-24

Step04 单击"挤出"设置按钮，设置挤出值为 -10mm，如图 9-25 所示。

Step05 激活"边"子层级，双击选择正面的两圈边线，如图 9-26 所示。

Step06 单击"切角"设置按钮，创建切角量为 5mm、分段为 3，完成浴室镜模型的创建，如图 9-27 所示。

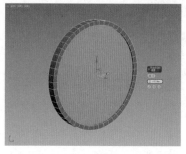
图 9-25

图 9-26

图 9-27

9.2.2 创建洗漱台模型

下面进行洗漱台模型的创建，具体操作步骤介绍如下。

Step01 将浴室镜移动到墙面合适的位置。单击"长方体"按钮，在顶视图中创建一个尺寸为 900mm×600mm×15mm 的长方体作为洗漱台台面，如图9-28所示。

Step02 将其转换成可编辑多边形，激活"边"子层级，选择如图 9-29 所示的边线。

Step03 单击"切角"设置按钮，创建切角量为3mm、分段为10，如图9-30所示。

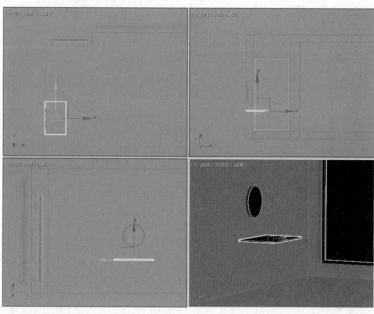
图 9-28

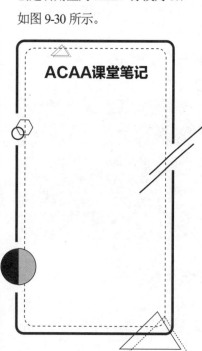

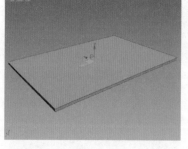
图 9-29

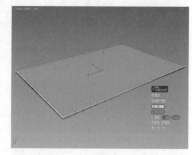
图 9-30

Step04 单击"长方体"按钮，在顶视图中创建一个尺寸为 850mm×550mm×30mm 的长方体，调整对象位置作为洗漱台台面的支架，如图 9-31 所示。

Step05 将其转换为可编辑多边形，激活"边"子层级，选择如图 9-32 所示的边线。

Step06 单击"切角"设置按钮，创建切角量为 3mm、分段为 10，如图 9-33 所示。

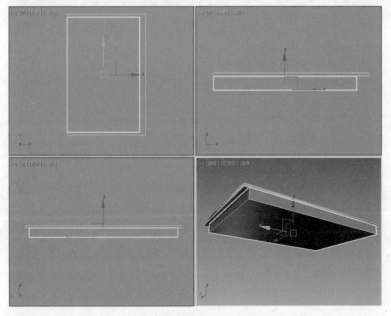

图 9-32

图 9-31

图 9-33

Step07 单击"圆柱体"按钮，在顶视图中创建一个半径为 250mm、高度为 160mm 的圆柱体，调整到合适位置，如图 9-34 所示。

Step08 按 Ctrl+V 组合键打开"克隆选项"对话框，如图 9-35 所示。如此进行复制创建两次，保持对象位置不动。

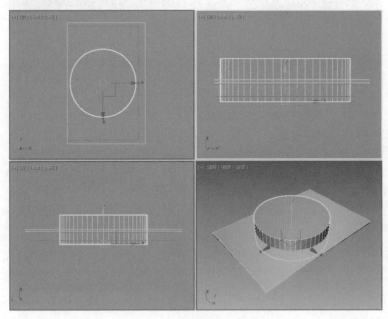

图 9-34

图 9-35

Step09 选择台面模型，在"复合对象"面板中单击"布尔"按钮，选择"差集"运算方式，再拾取其中一个圆柱体，制作出一个孔洞，隐藏剩余的圆柱体，如图 9-36 所示。

Step10 再对台面底座和圆柱体进行差集运算，如图 9-37 所示。

Step11 显示圆柱体并孤立对象，将其转换为可编辑多边形，激活"多边形"子层级，选择顶部的面，单击"插入"设置按钮，设置插入值为 20mm，如图 9-38 所示。

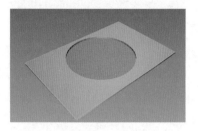

图 9-36

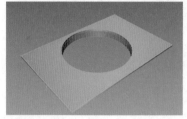

图 9-37

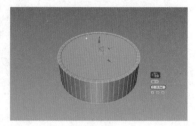

图 9-38

Step12 单击"挤出"设置按钮，在弹出的"挤出"对话框中设置挤出值为 - 80mm，如图 9-39 所示。

Step13 单击"插入"设置按钮，设置插入值为 210mm，如图 9-40 所示。

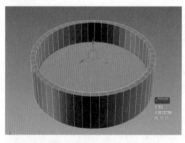

图 9-39

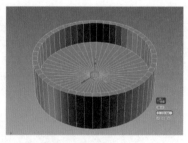

图 9-40

Step14 单击"挤出"设置按钮，设置挤出值为 - 60mm，如图 9-41、图 9-42 所示。

Step15 单击"切角"设置按钮，创建切角量为 3mm、分段为 3，如图 9-43 所示。

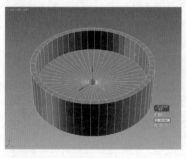

图 9-41

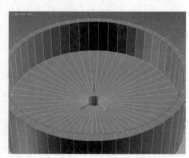

图 9-42

Step16 选择如图 9-44 所示的边线。

Step17 单击"切角"设置按钮，创建切角量为 80mm、分段为 15，如图 9-45 所示。

ACAA课堂笔记

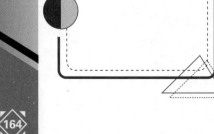

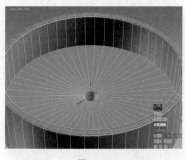

图 9-43

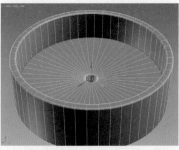

图 9-44

图 9-45

Step18 单击"圆柱体"按钮，创建半径为 19.5mm、高度为 100mm 的圆柱体，调整面盆中心位置，如图 9-46 所示。

Step19 将其转换为可编辑多边形，激活"多边形"子层级，选择底部的面，如图 9-47 所示。

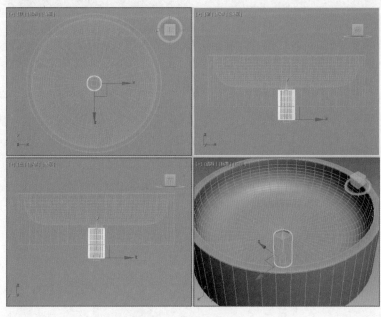

图 9-46

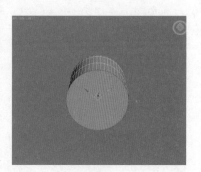

图 9-47

Step20 单击"插入"设置按钮，设置插入值为 7mm，如图 9-48 所示。

Step21 单击"挤出"设置按钮，设置挤出值为 20mm，如图 9-49 所示。

Step22 激活"边"子层级，选择如图 9-50 所示的边线。

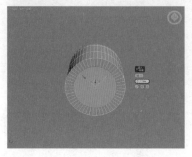

图 9-48

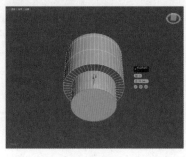

图 9-49

图 9-50

Step23 单击"切角"设置按钮，创建切角量为2mm、分段为5，如图9-51所示。

Step24 单击"圆柱体"按钮，在左视图中创建半径为5mm、高度为18mm的圆柱体，设置分段数为3，调整其位置，如图9-52所示。

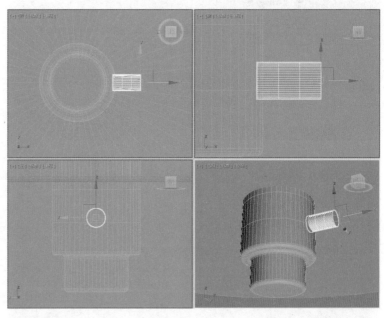

图9-52

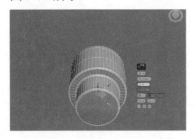

图9-51

Step25 将其转换为可编辑多边形，激活"多边形"子层级，在前视图中选择如图9-53所示的多边形。

Step26 单击"挤出"设置按钮，以"局部法线"方式挤出厚度，如图9-54所示。

图9-53

图9-54

Step27 选择多边形，单击"挤出"设置按钮，设置挤出值为3mm，如图9-55所示。

Step28 激活"边"子层级，选择如图9-56所示的边线。

Step29 单击"切角"设置按钮，创建切角量为1mm、分段为5，如图9-57所示。

图9-55

图9-56

图9-57

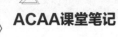
ACAA课堂笔记

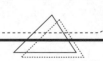

3ds Max 建模课堂实录

Step30 单击"线"按钮，在前视图中创建一条样条线，如图 9-58 所示。

Step31 激活"顶点"子层级，选择拐角顶点，在"几何体"卷展栏中单击"圆角"按钮，对顶点进行圆角操作，如图 9-59 所示。

Step32 在"渲染"卷展栏中勾选"在渲染中启用"和"在视口中启用"复选框，并设置"径向"厚度为 5mm，调整样条线位置，如图 9-60 所示。

图 9-58

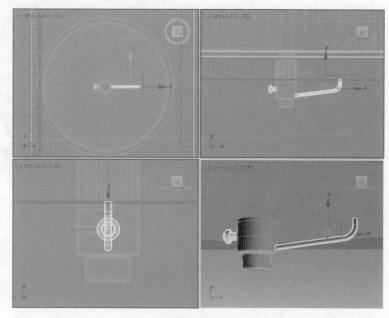

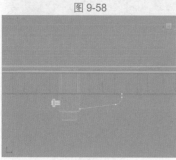

图 9-59

图 9-60

Step33 在前视图创建样条线作为支架，设置渲染"径向"厚度为 10mm，如图 9-61 所示。

Step34 复制模型并调整位置，如图 9-62 所示。

Step35 单击"线"按钮，在顶视图中创建一条样条线，如图 9-63 所示。

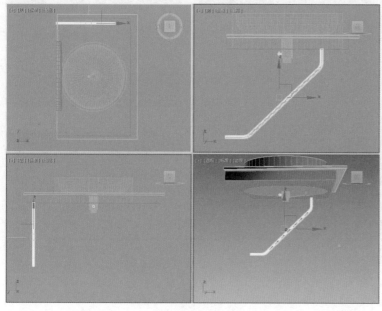

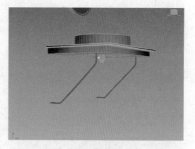

图 9-62

图 9-61

图 9-63

Step36 激活"顶点"子层级，利用"圆角"工具对两端的顶点进行圆角操作，如图 9-64 所示。

Step37 启用渲染效果，设置"径向"厚度为 12mm，再调整对象位置，如图 9-65 所示。

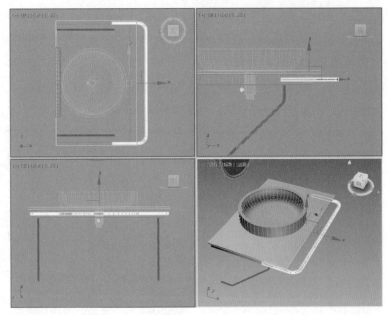

图 9-64

图 9-65

9.2.3　创建水龙头模型

下面进行水龙头模型的创建，具体操作步骤介绍如下。

Step01 单击"圆柱体"按钮，在左视图中创建半径为 30mm、高度为 20mm 的圆柱体作为水龙头底座，如图 9-66 所示。

Step02 将其转换为可编辑多边形，激活"边"子层级，选择顶底两圈边线，如图 9-67 所示。

Step03 单击"切角"设置按钮，创建切角量为 2mm、分段为 5，如图 9-68 所示。

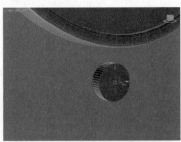

图 9-67

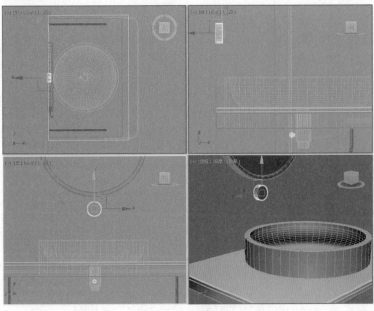

图 9-66

图 9-68

Step04 单击"线"按钮，在前视图中创建一条样条线，如图 9-69 所示。

Step05 激活"顶点"子层级，选择顶点并进行圆角操作，如图 9-70 所示。

Step06 单击"圆环"按钮，在左视图中创建一个半径分别为 15mm 和 12mm 的圆环，如图 9-71 所示。

图 9-69

图 9-70

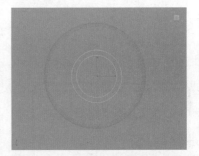
图 9-71

Step07 选择样条线，在"复合对象"面板中单击"放样"按钮，接着在"创建方法"卷展栏中单击"获取图形"按钮，在绘图区中拾取圆环图形，创建出一个管状体，如图 9-72 所示。

Step08 将其转换为可编辑多边形，激活"边"子层级，选择如图 9-73 所示的管口边线。

Step09 单击"切角"设置按钮，创建切角量为 0.5mm、分段为 5，如图 9-74 所示。

Step10 如此再为内侧的边线制作切角，如图 9-75 所示。

图 9-72

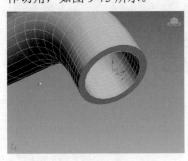
图 9-73

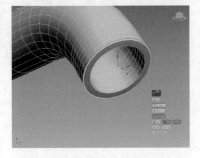
图 9-74

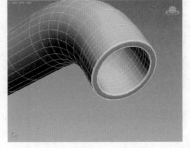
图 9-75

Step11 向一侧复制水龙头底座，如图 9-76 所示。

Step12 单击"圆柱体"按钮，创建一个半径为 22mm、高度为 50mm 的圆柱体，设置分段数为 3、边数为 40，如图 9-77 所示。

Step13 将其转换为可编辑多边形，激活"顶点"子层级，在前视图选择顶点并进行缩放，如图9-78所示。

Step14 激活"多边形"子层级，选择如图9-79所示的面。

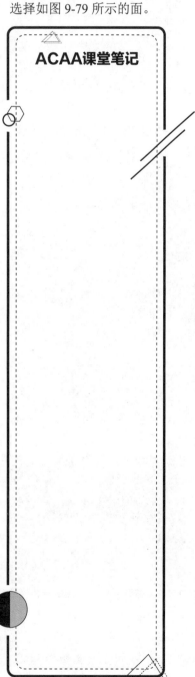

ACAA课堂笔记

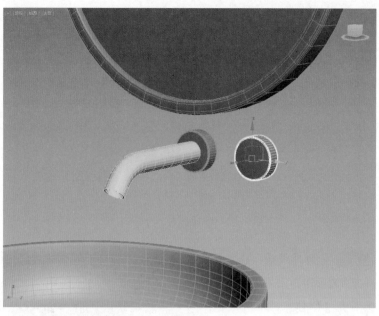

图 9-76

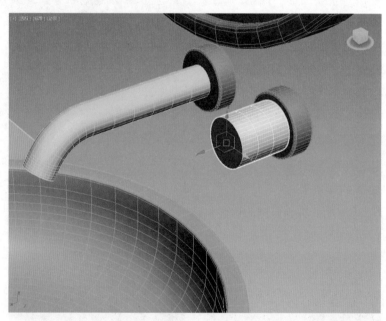

图 9-77

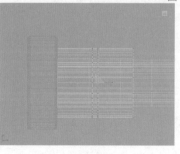

图 9-78

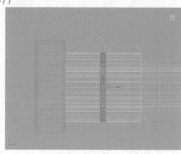

图 9-79

Step15 单击"挤出"设置按钮，以"局部法线"方式挤出 - 3mm 的距离，如图 9-80 所示。

Step16 激活"边"子层级，选择如图 9-81 所示的三圈边线。

Step17 单击"切角"设置按钮，创建切角量为 1mm、分段数为 5，如图 9-82 所示。

图 9-80

图 9-81

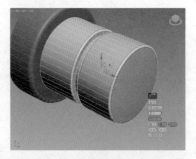

图 9-82

Step18 创建半径为 2.5mm、高度为 60mm、圆角为 1mm 的切角圆柱体，设置圆角分段为 5、边数为 40，作为把手，完成水龙头模型的创建，如图 9-83 所示。

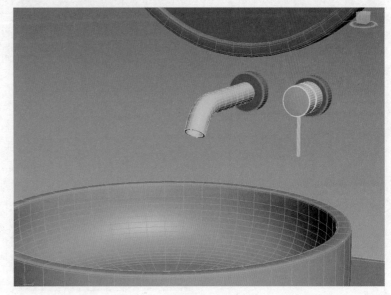

图 9-83

9.2.4 创建浴缸模型

下面进行浴缸模型的创建，具体操作步骤介绍如下。

Step01 单击"矩形"按钮，在顶视图中创建尺寸为 800mm× 1700mm 的矩形，设置圆角半径为 300mm，如图 9-84 所示。

Step02 为其添加"挤出"修改器，设置挤出值为 700mm，如图 9-85 所示。

图 9-84

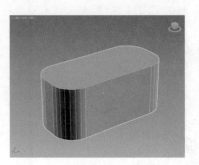

图 9-85

将其转换为可编辑多边形，再激活"多边形"子层级，选择如图 9-86 所示的面。

Step04 单击"插入"设置按钮，设置插入值为 50mm，如图 9-87 所示。

Step05 单击"挤出"按钮，设置挤出值为 - 600mm，如图 9-88 所示。

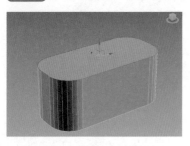

图 9-86

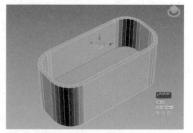

图 9-87　　　　　　　　　　　　图 9-88

Step06 激活"顶点"子层级，在前视图中选择底部顶点，如图 9-89 所示。

Step07 激活缩放工具，在顶视图中缩放顶点，如图 9-90 所示。

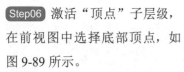

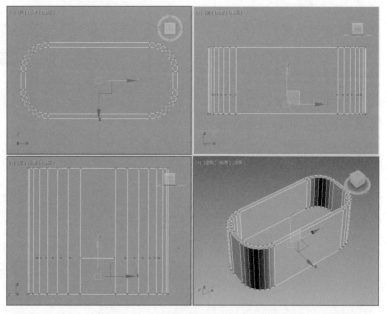

图 9-89

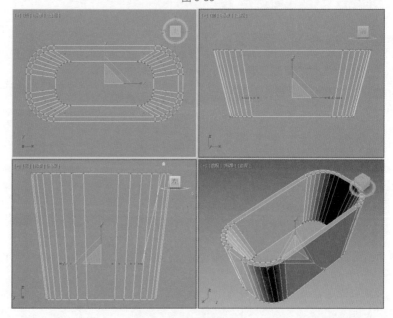

图 9-90

ACAA课堂笔记

Step08 激活"边"子层级，选择如图 9-91 所示的顶部两圈边线。

Step09 单击"切角"设置按钮，创建切角量为 20mm、分段数为 5，如图 9-92 所示。

Step10 选择浴缸内部一圈边线，如图 9-93 所示。

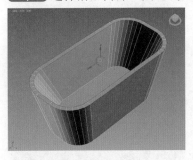
图 9-91

图 9-92

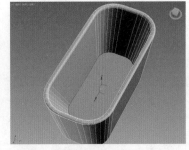
图 9-93

Step11 单击"切角"设置按钮，创建切角量为 150mm、分段数为 10，如图 9-94 所示。

Step12 为模型添加"细分"修改器，默认细分大小，如图 9-95 所示。

Step13 添加"网格平滑"修改器，设置迭代次数为 2，完成浴缸模型的创建，如图 9-96 所示。

图 9-94

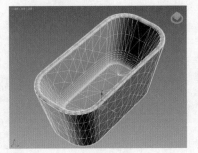
图 9-95

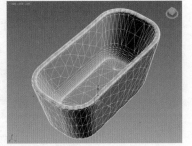
图 9-96

9.3 导入成品模型

下面为卫生间场景导入坐便器、落地水龙头、绿植、装饰品等成品模型，具体操作步骤介绍如下。

Step01 导入落地水龙头模型。执行"文件"|"导入"|"合并"命令，打开"合并文件"对话框，选择"落地水龙头"max 文件，如图 9-97 所示。

图 9-97

Step02 打开"合并"对话框，选择要合并到当前场景的对象，如图 9-98 所示。

Step03 单击"确定"按钮即可将对象合并到场景中，然后调整到合适位置，如图 9-99 所示。

Step04 合并坐便器模型到场景中，如图 9-100 所示。

图 9-98

图 9-99

图 9-100

Step05 合并绿植模型、置物箱模型、边几等模型到场景中，然后布置到合适的位置，完成本案例场景的创建，如图 9-101 所示。

图 9-101

第 <10> 章

创建客厅场景

内容导读

　　客厅是室内设计中的重点，客厅场景中的造型、布置等在很大程度上会影响整个家居环境。在建模时，设计者可以自己创建场景模型，也可结合网络下载的成品模型创建场景。本案例中将利用所学的建模知识创建一个客厅场景，包括建筑结构的创建、门窗、装饰模型的创建，以及室内部分家具的创建等。

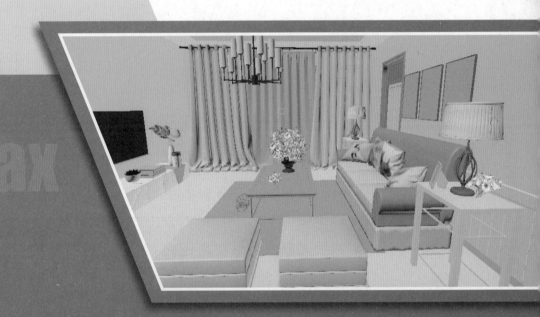

学习目标

>> 掌握客厅建筑结构的创建

>> 掌握门窗模型的创建

>> 掌握吊顶、墙面及踢脚线的创建

>> 掌握家具模型的创建

10.1 创建客厅建筑结构

建模是制作效果图的第一步，建模前首先要准备好 CAD 图纸，并将其导入 3ds Max 中，下面将创建客厅建筑结构，具体操作步骤如下。

Step01 执行"文件"|"导入"命令，在打开的"选择要导入的文件"对话框中选择所需文件，导入客厅 CAD 平面图，如图 10-1 所示。

图 10-1

Step02 将平面图导入当前视图中，如图 10-2 所示。

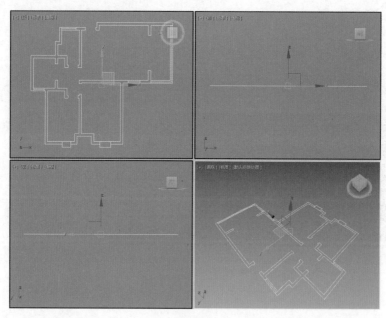

图 10-2

3ds Max 建模课堂实录

Step03 单击鼠标右键，在弹出的快捷菜单中选择"冻结当前选择"命令，如图10-3所示。

Step04 冻结后的效果如图10-4所示。

Step05 右击"捕捉开关"按钮，打开"栅格和捕捉设置"对话框，在"捕捉"选项卡中设置捕捉选项，如图10-5所示。

Step06 在"选项"选项卡中勾选"捕捉到冻结对象"复选框，设置完成后激活"捕捉开关"按钮，如图10-6所示。

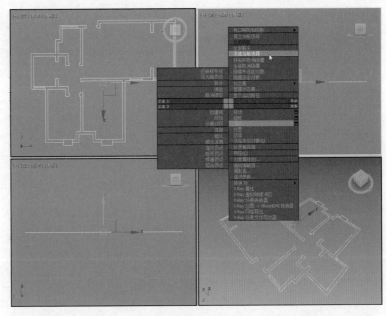

图 10-3

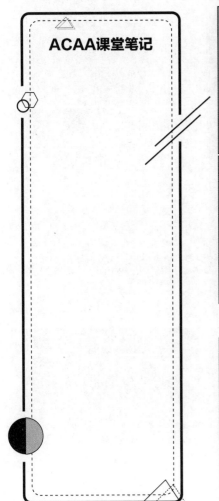

ACAA课堂笔记

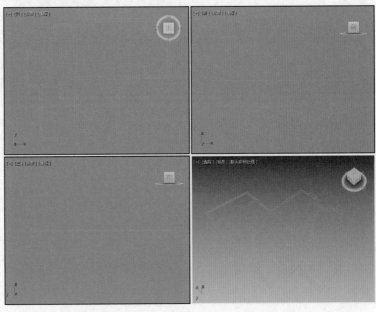

图 10-4

图 10-5

图 10-6

Step07 单击"线"按钮，在顶视图中绘制墙体线，如图 10-7 所示。

Step08 关闭"捕捉开关"按钮，为其添加"挤出"修改器，设置挤出值为 3000mm，如图 10-8 所示。

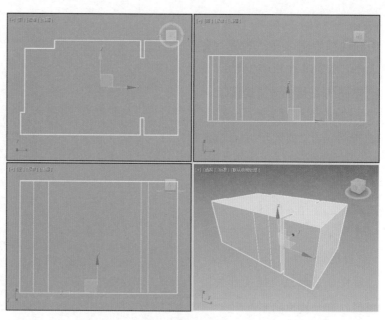

图 10-7

图 10-8

Step09 右击，在打开的快捷菜单中将其转换为可编辑多边形，如图 10-9 所示。

Step10 进入"边"子层级，选择两条边线，如图 10-10 所示。

Step11 在"编辑边"卷展栏中单击"连接"按钮，设置连接边数为 2，连接边线，如图 10-11 所示。

Step12 单击"确定"按钮，调整两条边线的高度分别为 800mm、2300mm，如图 10-12 所示。

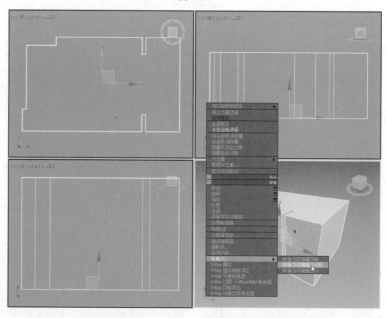

图 10-9

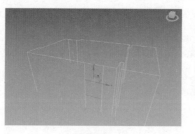

图 10-10

图 10-11

图 10-12

3ds Max 建模课堂实录

Step13 按照相同的方法，创建阳台位置的窗户，并调整两条边线的高度分别为350mm、2300mm，如图 10-13 所示。

Step14 进入"多边形"子层级，选择多边形，如图 10-14 所示。

Step15 在"编辑多边形"卷展栏中单击"挤出"按钮，设置挤出值为 200mm，如图 10-15 所示。

图 10-13

图 10-14

图 10-15

Step16 按照相同的方法挤出阳台窗户图形，如图 10-16 所示。

Step17 选择挤出的面，按 Delete 键将其删除，如图 10-17 所示。

Step18 按 Ctrl+A 组合键选择所有多边形，如图 10-18 所示。

图 10-16

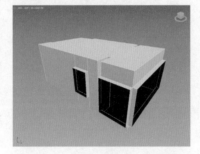
图 10-17

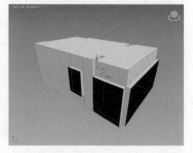
图 10-18

Step19 单击"翻转"按钮，即可透视看到模型内部，如图 10-19 所示。

Step20 在透视视口中右击，在打开的快捷菜单中选择"对象属性"选项，如图 10-20 所示。

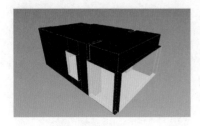
图 10-19

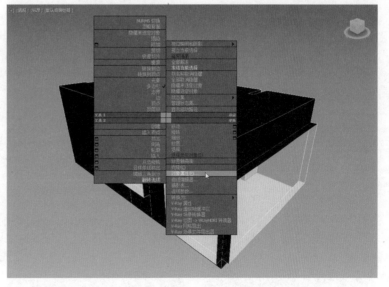
图 10-20

Step21 在打开的"对象属性"对话框中勾选"背面消隐"复选框，如图 10-21 所示。

Step22 单击"确定"按钮，即可看到消隐后的效果，如图 10-22 所示。

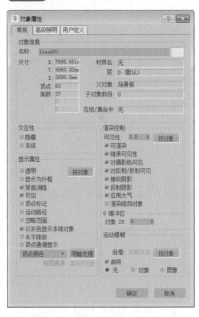

图 10-21

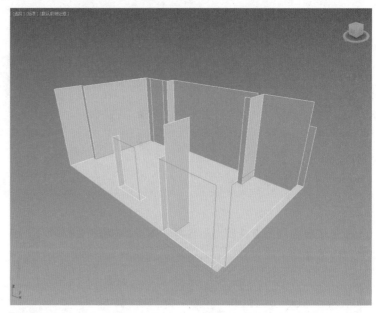

图 10-22

10.2 创建门窗模型

　　在场景中不仅对阳台的门垛添加了门框，对原始墙体进行保护，还在客厅沙发背景墙的位置留了一扇小窗户，本节主要介绍窗户与门框模型的创建，阳台位置后期会利用窗帘来遮挡，可以省去创建步骤。

10.2.1　创建窗户模型

　　下面进行窗户模型的创建，具体操作步骤如下。

Step01 单击"矩形"按钮，在顶视图中绘制一个矩形，设置长度为 250mm、宽度为 50mm、角半径为 8mm，如图 10-23 所示。

Step02 在前视图中捕捉窗户部分绘制矩形，如图 10-24 所示。

Step03 在"复合对象"命令面板中单击"放样"按钮，在打开的"创建方法"卷展栏中单击"获取图形"按钮，如图 10-25 所示。

图 10-23

图 10-24

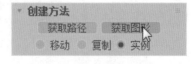

图 10-25

Step04 在前视图中选择绘制的矩形图形，如图 10-26 所示。

Step05 制作出窗户模型后，将其移动到合适位置，如图 10-27 所示。

Step06 在前视图中继续捕捉窗户绘制一个矩形，如图 10-28 所示。

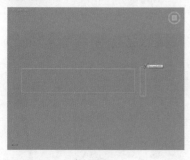

图 10-26

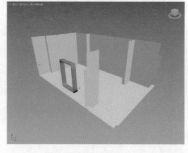

图 10-27

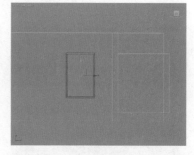

图 10-28

Step07 右击，在打开的快捷菜单中选择"转换为"|"转换为可编辑样条线"命令，如图 10-29 所示。

Step08 进入"样条线"子层级，选择样条线，并将选择好的样条线进行复制，如图 10-30 所示。

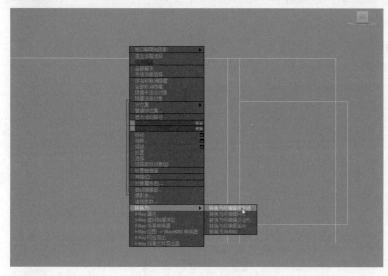

图 10-29

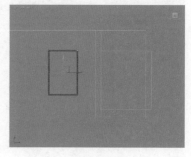

图 10-30

Step09 在"几何体"卷展栏中输入轮廓值为 100mm，如图 10-31 所示。

Step10 轮廓后的效果，如图 10-32 所示。

Step11 进入"顶点"子层级，调整轮廓后的图形，如图 10-33 所示。

图 10-31

图 10-32

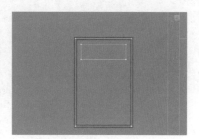

图 10-33

Step12 进入"样条线"子层级，选择样条线，向下复制图形，并进入"顶点"子层级调整样条线，如图 10-34 所示。

Step13 为创建好的样条线添加"挤出"修改器，设置挤出值为 60mm，如图 10-35 所示。

Step14 将模型转换为可编辑多边形，并进入"边"子层级，选择边线，如图 10-36 所示。

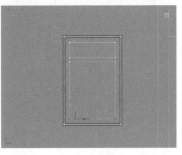
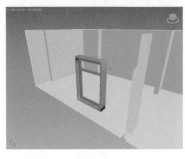
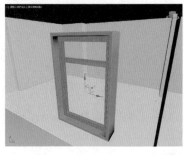

图 10-34　　　　　　　　　　图 10-35　　　　　　　　　　图 10-36

Step15 在"编辑边"卷展栏中，单击"切角"设置按钮，设置切角量为 5mm，如图 10-37 所示。

Step16 在前视图中绘制宽度为 514mm 的矩形图形，如图 10-38 所示。

Step17 将绘制的矩形转换为可编辑样条线，进入"样条线"子层级，在"几何体"卷展栏中单击"轮廓"按钮，设置轮廓值为 60mm，如图 10-39 所示。

图 10-37　　　　　　　　　　图 10-38　　　　　　　　　　图 10-39

Step18 为其添加"挤出"修改器，设置挤出值为 30mm，移动到合适位置，如图 10-40 所示。

Step19 将其转换为可编辑多边形，进入"边"子层级，选择边线，如图 10-41 所示。

Step20 在"编辑边"卷展栏中，单击"切角"设置按钮，设置切角量为 5mm，如图 10-42 所示。

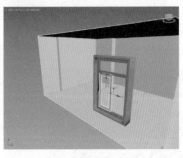

图 10-40　　　　　　　　　　图 10-41　　　　　　　　　　图 10-42

Step21 单击"矩形"按钮，绘制矩形，并将其挤出 8mm，作为玻璃模型，再将其移动到合适位置，制作出一扇窗户模型，如图 10-43 所示。

Step22 复制窗户模型，如图 10-44 所示。

Step23 按照相同的方法，继续创建玻璃模型，如图 10-45 所示。

图 10-43

图 10-44

图 10-45

■ 10.2.2 创建阳台门框模型

下面进行门框模型的创建，具体操作步骤如下。

Step01 在顶视图中，单击"矩形"按钮，在阳台门垛的位置创建长度为 100mm 的矩形图像，如图 10-46 所示。

Step02 将其转换为可编辑样条线，进入"线段"子层级，选择线段，如图 10-47 所示。

Step03 按 Delete 键删除线段，如图 10-48 所示。

图 10-46

图 10-47

图 10-48

Step04 进入"样条线"子层级，选择样条线，在"几何体"卷展栏中设置轮廓值为 - 20mm，如图 10-49 所示。

Step05 轮廓后的样条线图形，作为门框截面，如图 10-50 所示。

Step06 在左视图中，单击"样条线"按钮，捕捉门垛图形创建样条线，如图 10-51 所示。

图 10-49

图 10-50

图 10-51

Step07 在顶视图中，单击"放样"按钮，在"创建方法"卷展栏中单击"获取图形"按钮，如图 10-52 所示。

Step08 在顶视图中选择图形，如图 10-53 所示。

Step09 将放样后的模型移动到阳台合适位置，作为门框模型，如图 10-54 所示。

图 10-52

图 10-53

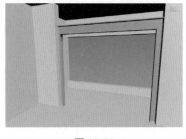
图 10-54

Step10 可以看到放样后的门框模型方向不对，在顶视图中选择截面图形，将其转换为可编辑样条线，并进入"样条线"子层级，全选线段，如图 10-55 所示。

Step11 执行"旋转"命令，将截面图形逆时针旋转 90°，如图 10-56 所示。

Step12 在透视视图中可以看到门框模型方向已经调整正确，如图 10-57 所示。

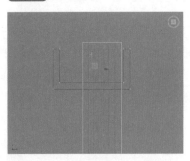
图 10-55

图 10-56

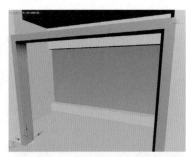
图 10-57

Step13 单击"矩形"按钮，在左视图中捕捉绘制矩形，如图 10-58 所示。

Step14 为其添加"挤出"修改器，并设置挤出值为200mm，作为补充墙体，如图 10-59 所示。

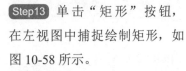

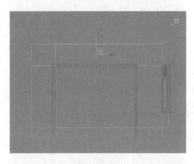
图 10-58

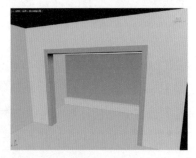
图 10-59

10.3 创建吊顶、墙面及踢脚线模型

创建吊顶、墙面及踢脚线模型。

■ 10.3.1 创建吊顶模型

下面进行吊顶模型的创建，具体操作步骤如下。

Step01 创建吊顶模型。在顶视图中绘制矩形图形，如图 10-60 所示。

Step02 将其转换为可编辑样条线，进入"样条线"子层级，设置轮廓值为 500mm，如图 10-61 所示。

Step03 进入"顶点"子层级，选择所需要的点，如图 10-62 所示。

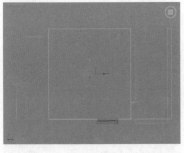

图 10-60

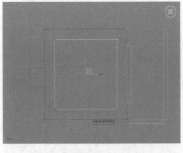

图 10-61

图 10-62

Step04 为其添加"挤出"修改器，设置挤出值为 250mm，并调整模型位置，如图 10-63 所示。

Step05 在顶视图中继续绘制矩形图形，如图 10-64 所示。

Step06 为其添加"挤出"修改器，设置挤出值为 10mm，如图 10-65 所示。

图 10-63

图 10-64

图 10-65

Step07 将其转换为可编辑多边形，进入"边"子层级，选择边，如图 10-66 所示。

Step08 在"编辑边"卷展栏中，单击"连接"设置按钮，设置连接边数为 20，如图 10-67 所示。

Step09 单击"挤出"设置按钮，设置挤出高度为 -5mm、宽度为 5mm，如图 10-68 所示。

Step10 将创建好的吊顶模型移动到房顶合适位置，如图 10-69 所示。

图 10-66

图 10-67

图 10-68

图 10-69

■ 10.3.2 创建踢脚线模型

下面进行踢脚线模型的创建，具体操作步骤介绍如下。

Step01 在顶视图中单击"线"按钮，捕捉墙体绘制踢脚线路径，如图 10-70 所示。

Step02 在前视图中，单击"矩形"按钮，创建一个长为 80mm、宽为 12mm 的矩形图形，如图 10-71 所示。

Step03 将其转换为可编辑样条线，进入"顶点"子层级，选择顶点，如图 10-72 所示。

图 10-70

图 10-71

图 10-72

Step04 在"几何体"卷展栏中设置圆角值为 6mm，效果如图 10-73 所示。

Step05 单击"放样"按钮，在"创建方法"卷展栏中单击"获取路径"按钮，在左视图中选择踢脚线路径，如图 10-74 所示。

Step06 将创建好的踢脚线移动到合适位置，如图 10-75 所示。

图 10-73

图 10-74

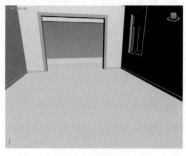
图 10-75

Step07 选择创建好的踢脚线，在"蒙皮参数"卷展栏中设置"图形步数"和"路径步数"分别为 20，并勾选"优化图形"复选框，其余参数保持不变，如图 10-76 所示。

Step08 优化后的踢脚线如图 10-77 所示。

图 10-76

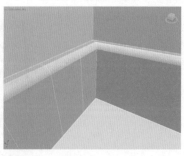
图 10-77

10.3.3　创建墙面模型

下面进行墙面模型的创建，具体操作步骤介绍如下。

Step01 进入"多边形"子层级，选择多边形，如图 10-78 所示。

Step02 在"编辑几何体"卷展栏中，单击"分离"按钮，打开"分离"对话框，输入"分离为"名称为"墙体"，如图 10-79 所示。

Step03 单击"确定"按钮，分离墙体，如图 10-80 所示。

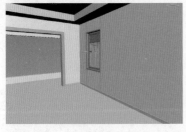

图 10-78

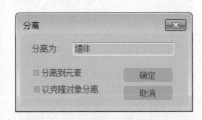

图 10-79

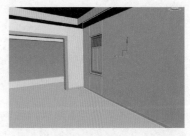

图 10-80

Step04 按 Alt+Q 组合键，孤立墙体多边形，如图 10-81 所示。

Step05 在前视图中，单击"矩形"按钮，绘制长度为 710mm 的矩形图形，并沿 Y 轴偏移 80mm，如图 10-82 所示。

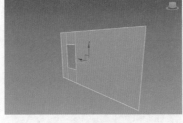

图 10-81

图 10-82

Step06 为其添加"挤出"修改器，设置挤出值为 10mm，如图 10-83 所示。

Step07 将其转换为可编辑多边形，进入"边"子层级，选择边线，如图 10-84 所示。

Step08 在"编辑边"卷展栏中单击"连接"设置按钮，设置连接数为 1，如图 10-85 所示。

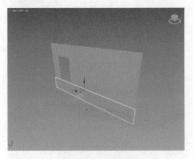

图 10-83

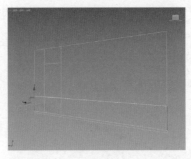

图 10-84

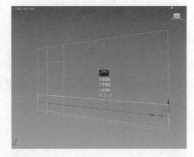

图 10-85

ACAA课堂笔记

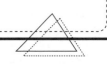

Step09 调整边的高度，如图 10-86 所示。

Step10 进入"多边形"子层级，选择多边形，如图 10-87 示。

Step11 在"编辑边"卷展栏中，单击"挤出"设置按钮，设置挤出值为 15mm，如图 10-88 所示。

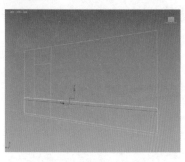
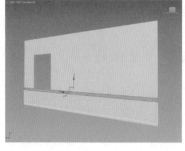
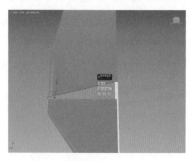

图 10-86   图 10-87   图 10-88

Step12 进入"边"子层级，选择边线，如图 10-89 所示。

Step13 在"编辑边"卷展栏中，单击"切角"设置按钮，设置切角量为 5mm，制作出墙板模型，如图 10-90 所示。

Step14 在"边"子层级中选择边线，如图 10-91 所示。

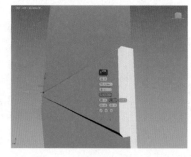

图 10-89   图 10-90   图 10-91

Step15 在"编辑边"卷展栏中，单击"连接"设置按钮，设置连接数为 45，如图 10-92 所示。

Step16 在"编辑边"卷展栏中，单击"挤出"设置按钮，设置挤出高度值为 - 3mm、宽度值为 3mm，制作出墙板模型，如图 10-93 所示。

Step17 取消孤立，制作出的效果如图 10-94 所示。

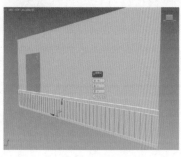

图 10-92   图 10-93   图 10-94

10.4 创建部分家具模型

建筑主体和固定模型创建完毕后，即可将下载好的成品模型合并到当前场景。

■ 10.4.1 创建沙发模型

下面进行沙发模型的创建，具体操作步骤介绍如下。

Step01 单击"长方体"按钮，创建一个 820mm×2500mm×250mm 的长方体，设置长度分段数和宽度分段数分别为 5、高度分段数为 3，如图 10-95 所示。

Step02 将其转换为可编辑多边形，进入"边"子层级，选择边线，如图 10-96 所示。

Step03 在"编辑边"卷展栏中，单击"切角"设置按钮，设置切角值为 5mm，如图 10-97 所示。

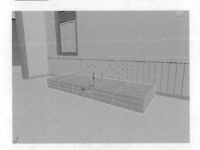
图 10-95

图 10-96

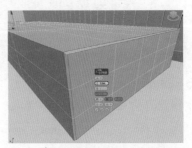
图 10-97

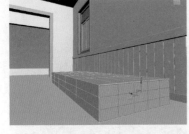
图 10-98

图 10-99

Step04 进入"多边形"子层级，选择多边形，如图 10-98 所示。

Step05 在"编辑边"卷展栏中，单击"挤出"设置按钮，设置挤出值为 3mm，如图 10-99 所示。

Step06 进入"顶点"子层级，调整顶点位置以调整多边形形状，如图 10-100 所示。

Step07 按照相同的方法制作其他三面的沙发裙模型，如图 10-101 所示。

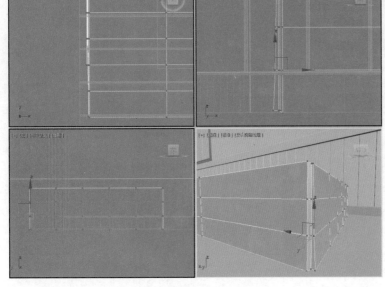
图 10-100

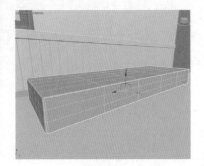
图 10-101

Step08 为其添加"细分"修改器，在"参数"卷展栏中设置细分大小值为50mm，如图10-102所示。

Step09 细分后的模型，如图10-103所示。

Step10 再添加一个"网格平滑"修改器，在"细分量"卷展栏中设置平滑度为0.1，如图10-104所示。

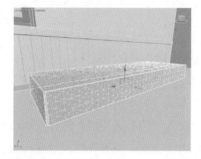

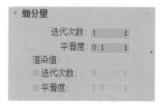

图10-102   图10-103   图10-104

Step11 网格平滑后的模型，如图10-105所示。

Step12 单击"切角长方体"按钮，创建一个长度为665mm、宽度为2150mm、高度为60mm、圆角为10mm的切角长方体，并调整到合适位置，如图10-106所示。

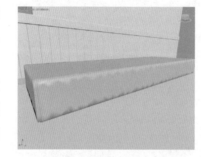

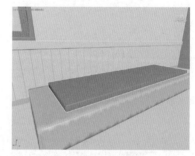

图10-105   图10-106

Step13 在前视图中，单击"线"按钮，绘制沙发扶手轮廓，如图10-107所示。

Step14 进入"修改"命令面板，在"顶点"子层级中，将顶点类型设置为"Bezier角点"，调整控制柄以调整样条线轮廓，如图10-108所示。

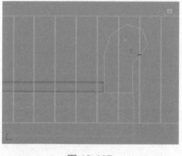

图10-107   图10-108

Step15 为其添加"挤出"修改器，设置挤出值为600mm、分段数为10，调整模型位置，如图10-109所示。

Step16 将其转换为可编辑多边形，进入"边"子层级，选择边，如图10-110所示。

Step17 在"编辑边"卷展栏中，单击"切角"设置按钮，设置切角量为5mm，如图10-111所示。

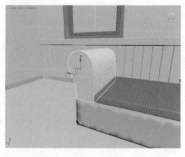

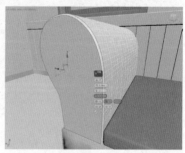

图10-109   图10-110   图10-111

Step18 执行"镜像"命令,将沙发扶手模型复制到沙发另一侧,如图 10-112 所示。

Step19 按照上述相同方法创建沙发靠背模型,并设置挤出值为2500mm,如图 10-113 所示。

Step20 将其转换为可编辑多边形,进入"边"子层级,选择边,如图 10-114 所示。

Step21 在"编辑边"卷展栏中,单击"切角"设置按钮,设置切角量为5mm,如图 10-115 所示。

Step22 退出"边"子层级,在"编辑几何体"卷展栏中,单击"附加"按钮,附加两侧扶手模型,使其成为一个整体,如图 10-116 所示。

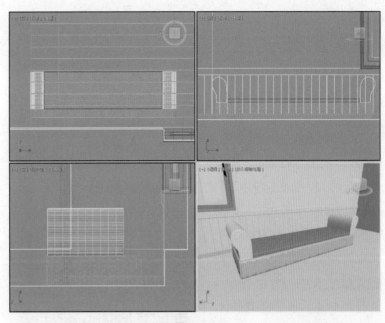

图 10-112

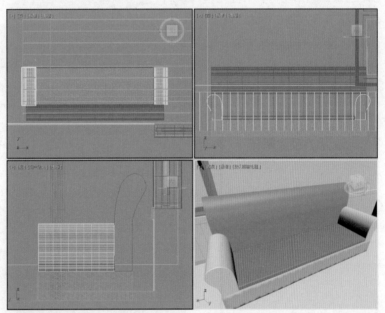

图 10-113

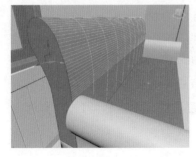

图 10-114

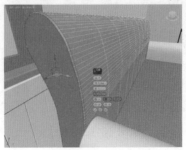

图 10-115

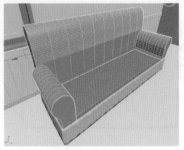

图 10-116

Step23 为其添加"网格平滑"修改器，参数设置保持默认，如图 10-117 所示。

Step24 单击"切角长方体"按钮，创建一个切角长方体，设置长度为 665mm、宽度为 700mm、高度为 120mm、设置高度分段为 10、长度分段为 5、宽度分段为 10，如图 10-118 所示。

Step25 为其添加"FFD3×3×3"修改器，如图 10-119 所示。

Step26 进入"控制点"子层级，选择控制点，调整模型形状，如图 10-120 所示。

Step27 在顶视图中单击"截面"按钮，绘制一个截面并移动到合适位置，如图 10-121 所示。

图 10-117

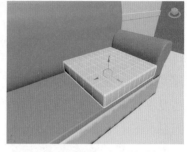
图 10-118

图 10-119

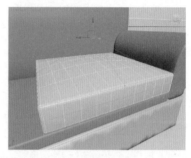
图 10-120

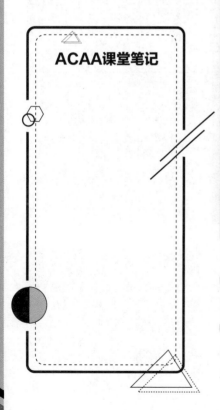

ACAA课堂笔记

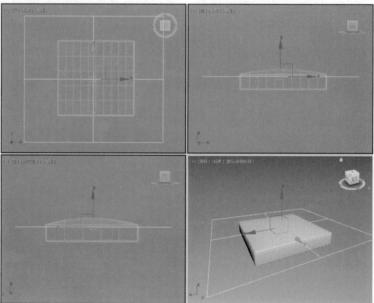
图 10-121

Step28 进入"修改"命令面板，在"截面参数"卷展栏中单击"创建图形"按钮，创建截面图形，如图 10-122 所示。

Step29 选择创建的截面，在"渲染"参数卷展栏中勾选"在渲染中启用"和"在视口中启用"复选框，并设置"径向"厚度为 4mm，如图 10-123 所示。

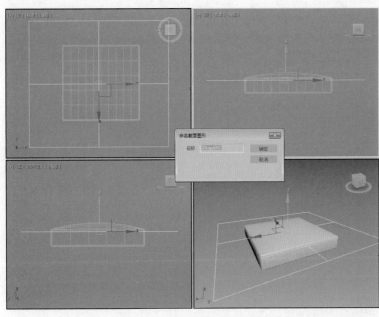

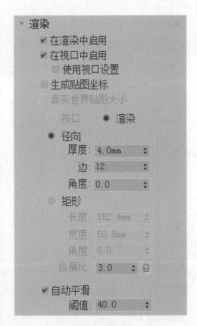

图 10-122

图 10-123

Step30 将创建好的模型向下复制，如图 10-124 所示。

Step31 取消孤立，复制坐垫模型，如图 10-125 所示。

Step32 在顶视图中单击"长方体"按钮，创建一个长度为 700mm、宽度为 700mm、高度为 20mm，长度分段数和宽度分段数各为 3 的长方体，如图 10-126 所示。

Step33 将其转换为可编辑多边形，进入"顶点"子层级，调整顶点位置，如图 10-127 所示。

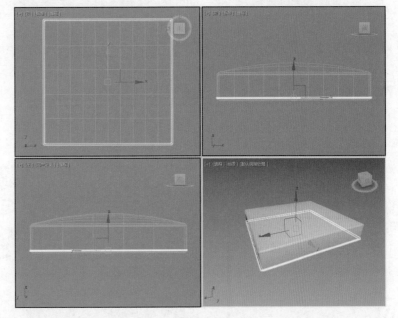

图 10-124

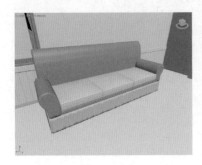

图 10-125

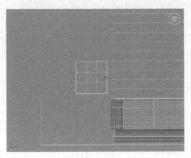

图 10-126

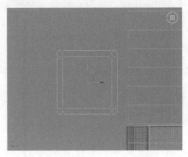

图 10-127

Step34 进入"多边形"子层级，选择下方的多边形，如图 10-128 所示。

Step35 在"编辑多边形"卷展栏中单击"挤出"设置按钮，设置挤出值为120mm，如图 10-129 所示。

Step36 进入"顶点"子层级，调整顶点改变四条腿的轮廓，如图 10-130 所示。

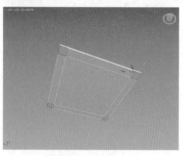

图 10-128

图 10-129

图 10-130

Step37 进入"边"子层级，选择边，如图 10-131 所示。

Step38 在"编辑边"卷展栏中单击"切角"设置按钮，设置边切角量为3mm，如图 10-132 所示。

Step39 复制沙发坐垫模型，并调整模型大小，如图 10-133 所示。

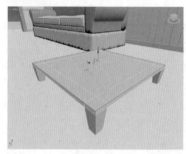

图 10-131

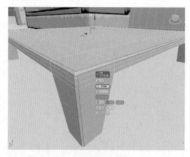

图 10-132

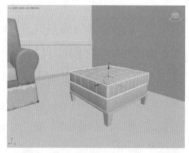

图 10-133

Step40 复制沙发凳模型，如图 10-134 所示。

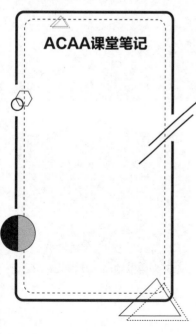

ACAA课堂笔记

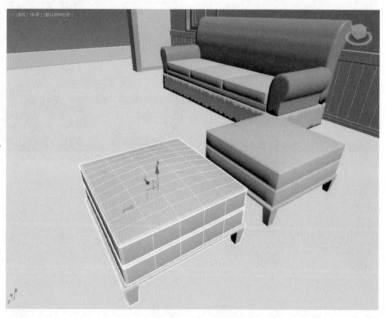

图 10-134

3ds Max 建模课堂实录

■ **10.4.2　创建边几模型**

下面进行沙发边几模型的创建，具体操作步骤介绍如下。

Step01 在顶视图中单击"长方体"按钮，创建一个长度为 420mm、宽度为 600mm、高度为 20mm，长度分段数和宽度分段数分别为 3 的长方体，如图 10-135 所示。

Step02 将其转换为可编辑多边形，进入"顶点"子层级，调整顶点，如图 10-136 所示。

Step03 进入"多边形"子层级，选择多边形，如图 10-137 所示。

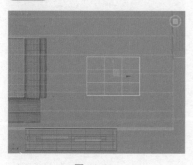  

图 10-135　　　　　　　　　图 10-136　　　　　　　　　图 10-137

Step04 在"编辑多边形"卷展栏中单击"挤出"设置按钮，设置挤出值为 550mm，如图 10-138 所示。

Step05 在顶视图中，单击"矩形"按钮，绘制矩形图形，如图 10-139 所示。

Step06 将其转换为可编辑样条线，进入"样条线"子层级，设置轮廓值为 10.5mm，如图 10-140 所示。

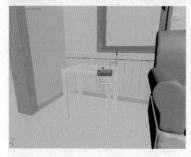 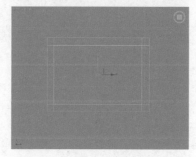 

图 10-138　　　　　　　　　图 10-139　　　　　　　　　图 10-140

Step07 添加"挤出"修改器，设置挤出值为 15mm，调整到合适位置，如图 10-141 所示。

Step08 复制模型，如图 10-142 所示。

Step09 单击"长方体"按钮，创建一个长度为 440mm、宽度为 620mm、高度为 20mm 的长方体作为沙发边几的台面，如图 10-143 所示。

图 10-141　　　　　　　　　图 10-142　　　　　　　　　图 10-143

Step10 转换为可编辑多边形，进入"多边形"子层级，选择多边形，如图 10-144 所示。

Step11 在"编辑多边形"卷展栏中单击"插入"设置按钮，设置插入值为 50mm，如图 10-145 所示。

Step12 在"编辑几何体"卷展栏中，单击"附加"按钮，附加选择其他部分的模型，使其成为一个整体，如图 10-146 所示。

图 10-144

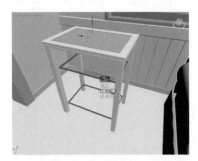

图 10-145

图 10-146

Step13 将边几模型复制到沙发的另一侧，如图 10-147 所示。

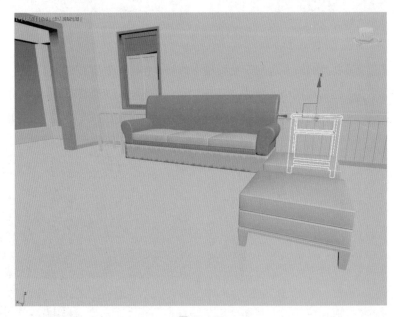

图 10-147

■ 10.4.3 创建茶几模型

下面进行茶几模型的创建，具体操作步骤介绍如下。

Step01 在顶视图中单击"长方体"按钮，创建一个长度为 800mm、宽度为 1500mm、高度为 20mm 的长方体，如图 10-148 所示。

Step02 向上复制模型，并调整长度为 850mm、宽度为 1540mm、高度为 30mm，设置高度分段数为 2，如图 10-149 所示。

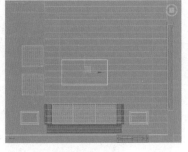

图 10-148

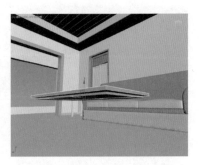

图 10-149

3ds Max 建模课堂实录

Step03 将其转换为可编辑多边形，进入"顶点"子层级，调整顶点位置，如图 10-150 所示。

Step04 进入"多边形"子层级，选择多边形，如图 10-151 所示。

Step05 在"编辑多边形"卷展栏中单击"插入"设置按钮，设置插入值为 60mm，如图 10-152 所示。

Step06 进入"边"子层级，选择边线，如图 10-153 所示。

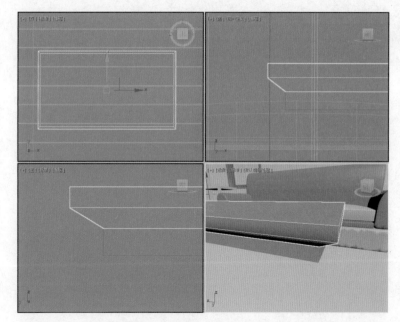

图 10-150

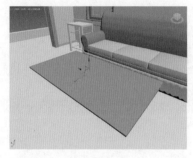

图 10-151

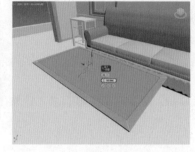

图 10-152

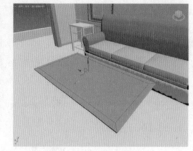

图 10-153

Step07 在"编辑边"卷展栏中单击"挤出"设置按钮，设置挤出高度为 -1mm、宽度为 1mm，如图 10-154 所示。

Step08 在顶视图中单击"圆柱体"按钮，创建一个半径为 12mm、高度为 400mm、高度分段数为 1 的圆柱体，并将其进行复制，作为茶几腿模型，如图 10-155 所示。

Step09 在顶视图中单击"矩形"按钮，捕捉圆柱体顶面圆心绘制矩形图形，如图 10-156 所示。

图 10-154

图 10-155

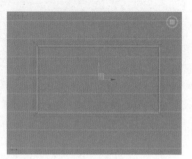

图 10-156

Step10 进入"修改"命令面板，在"参数"卷展栏中勾选"在渲染中启用"和"在视口中启用"复选框，设置"径向"厚度为15mm，并调整图形位置，如图10-157所示。

Step11 在顶视图中单击"长方体"按钮，创建一个长度为750mm、宽度为1450mm、高度为10mm的长方体，完成茶几模型的创建，如图10-158所示。

Step12 创建一个长度为2200mm、宽度为2600mm、高度为10mm的长方体作为地毯模型，如图10-159所示。

图 10-157

图 10-158

图 10-159

10.5 合并成品模型

下面直接合并下载好的电视柜、灯具、抱枕、装饰品等成品模型，以提高建模效率，具体操作步骤介绍如下。

Step01 执行"文件"|"导入"|"合并"命令，在弹出的"文件另存为"对话框中选择窗帘模型，如图10-160所示。

图 10-160

将窗帘模型合并到当前场景中，调整模型大小并复制多个，调整位置，如图 10-161 所示。

图 10-161

Step03 导入灯具、抱枕等模型，完成本场景模型的创建，如图 10-162 所示。

图 10-162

第〈11〉章

创建卧室场景

卧室场景中包括床、床头柜、衣柜、窗帘等物体，需要重点表现的是床头背景墙效果。本案例中将利用所学的建模知识创建一个卧室场景，这些建模知识包括建筑结构的创建、窗户的创建以及家居模型的创建等。

学习目标

>> 掌握卧室主体模型的创建

>> 掌握飘窗模型的创建

>> 掌握吊顶和墙面造型的创建

>> 掌握家具模型的创建

>> 掌握合并模型的操作方法

11.1 创建卧室主体模型

本场景为一个简约的中式风格卧室，并且在中式元素中融合了现代风格的简约大方。下面进行卧室主体建筑模型的创建，具体操作步骤介绍如下。

Step01 执行"文件"|"导入"命令，打开"选择要导入的文件"对话框，选择所需的 CAD 文件，导入卧室 CAD 平面图，如图 11-1 所示。

图 11-1

Step02 将平面图导入当前视图中，如图 11-2 所示。

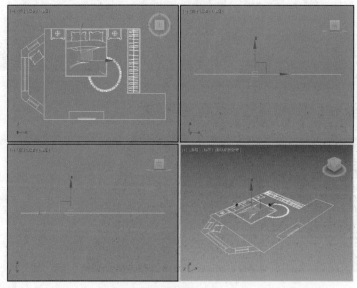

图 11-2

3ds Max 建模课堂实录

Step03 右击，在打开的快捷菜单中选择"冻结当前选择"选项，如图 11-3 所示。

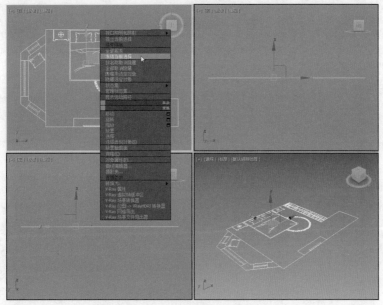

图 11-3

Step04 冻结后的效果如图 11-4 所示。

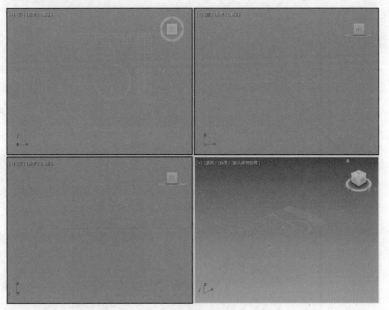

图 11-4

Step05 右击"捕捉开关"按钮，打开"栅格和捕捉设置"对话框，在"捕捉"选项卡中设置捕捉选项，如图 11-5 所示。

Step06 在"选项"选项卡中勾选"捕捉到冻结对象"复选框，设置完成后激活"捕捉开关"按钮，如图 11-6 所示。

Step07 单击"线"按钮，在顶视图中绘制墙体线，如图 11-7 所示。

图 11-5

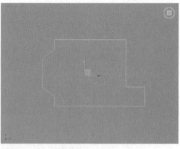

图 11-6

图 11-7

Step08 关闭"捕捉开关"按钮，为其添加"挤出"修改器，设置挤出值为 3000mm，如图 11-8 所示。

Step09 单击鼠标右键，在打开的快捷菜单中将其转换为可编辑多边形，如图 11-9 所示。

图 11-8

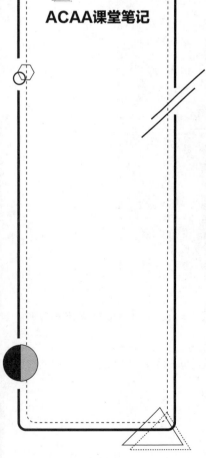

ACAA课堂笔记

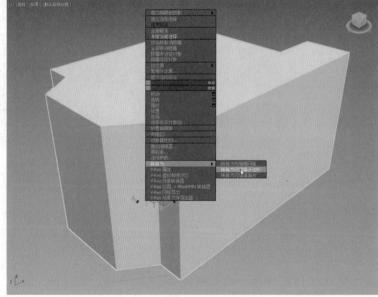

图 11-9

3ds Max 建模课堂实录

Step10 进入"边"子层级，选择两条边线，如图 11-10 所示。

Step11 在"编辑边"卷展栏中单击"连接"按钮，设置连接边数为 2，连接边，如图 11-11 所示。

Step12 单击"确定"按钮，调整两条边线的高度分别为 800mm、2300mm，如图 11-12 所示。

图 11-10　　　　　　　　　　图 11-11　　　　　　　　　　图 11-12

Step13 按照相同的方法，创建阳台位置的窗户，并调整两条边线的高度分别为 550mm、2650mm，如图 11-13 所示。

Step14 创建并调整另外两侧的边线，如图 11-14 所示。

Step15 进入"多边形"子层级，选择多边形，如图 11-15 所示。

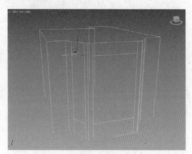
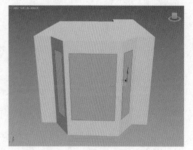

图 11-13　　　　　　　　　　图 11-14　　　　　　　　　　图 11-15

Step16 在"编辑多边形"卷展栏中单击"挤出"设置按钮，设置挤出值为 300mm，如图 11-16 所示。

Step17 选择挤出的面，按 Delete 键将其删除，如图 11-17 所示。

Step18 按 Ctrl+A 组合键选择所有多边形，如图 11-18 所示。

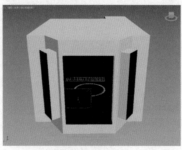

图 11-16　　　　　　　　　　图 11-17　　　　　　　　　　图 11-18

Step19 在"编辑多边形"卷展栏中，单击"翻转"按钮，如图 11-19 所示。

Step20 在顶视图中单击"线"按钮，绘制样条线，如图 11-20 所示。

Step21 为其添加"挤出"修改器，设置挤出值为 500mm，如图 11-21 所示。

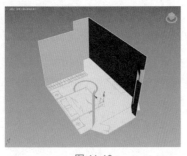

图 11-19　　　　　　　　　　图 11-20　　　　　　　　　　图 11-21

11.2 创建飘窗窗户模型

　　场景中的窗户为梯形的飘窗造型，有三面窗户，采光效果好。接下来进行飘窗模型的创建，具体操作步骤介绍如下。

Step01 在顶视图中单击"线"按钮，绘制样条线，如图 11-22 所示。

Step02 为其添加"挤出"修改器，设置挤出值为 40mm，将其调整到合适位置，如图 11-23 所示。

Step03 将其转换为可编辑多边形，进入"边"子层级，选择边，如图 11-24 所示。

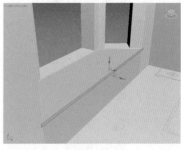

图 11-22　　　　　　　　　　图 11-23　　　　　　　　　　图 11-24

Step04 在"编辑边"卷展栏中单击"切角"设置按钮，设置边切角量为 5mm，如图 11-25 所示。

Step05 创建窗户模型。在左视图中单击"矩形"按钮，绘制矩形，如图 11-26 所示。

Step06 将其转换为可编辑样条线，在"样条线"子层级的"几何体"卷展栏中单击"轮廓"按钮，设置轮廓值为 60mm，如图 11-27 所示。

图 11-25　　　　　　　　　　图 11-26　　　　　　　　　　图 11-27

Step07 进入"顶点"子层级，调整点的位置，如图 11-28 所示。

Step08 进入"样条线"子层级，选择样条线，复制图形，再进入"顶点"子层级调整样条线，如图 11-29 所示。

Step09 为其添加"挤出"修改器，设置挤出值为 60mm，调整模型到合适位置，如图 11-30 所示。

图 11-28

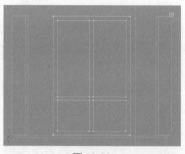
图 11-29

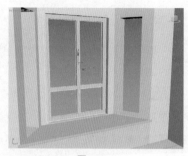
图 11-30

Step10 在左视图中单击"矩形"按钮，创建一个长度为 2100mm、宽度为 500mm 的矩形，如图 11-31 所示。

Step11 将其转换为可编辑样条线，进入"样条线"子层级，在"几何体"卷展栏中单击"轮廓"按钮，设置轮廓值为 60mm，如图 11-32 所示。

Step12 进入"顶点"子层级，调整顶点的位置，如图 11-33 所示。

图 11-31

图 11-32

图 11-33

Step13 进入"样条线"子层级，选择样条线，复制图形，再进入"顶点"子层级调整样条线，如图 11-34 所示。

Step14 为其添加"挤出"修改器，设置挤出值为 60mm，在顶视图中旋转角度，并调整到合适位置，如图 11-35 所示。

Step15 镜像复制创建好的窗户模型，调整位置，完成窗户模型的创建，如图 11-36 所示。

图 11-34

图 11-35

图 11-36

11.3 创建吊顶及墙面模型

室内场景的亮点主要体现在吊顶及墙面造型上，不仅可以美化室内环境，还可以营造出非富多彩的室内空间艺术形象。

■ 11.3.1 创建吊顶模型

场景中的吊顶创建较为简单，主要运用样条线以及设置样条线参数制作而成。下面进行吊顶模型的创建，具体操作步骤介绍如下。

Step01 在顶视图中捕捉创建矩形图形，如图 11-37 所示。

Step02 将其转换为可编辑样条线，进入"样条线"子层级，设置轮廓值为 100mm，如图 11-38 所示。

Step03 为其添加"挤出"修改器，设置挤出值为 500mm，调整模型位置，如图 11-39 所示。

Step04 将其转换为可编辑多边形，进入"边"子层级，选择两条边，如图 11-40 所示。

Step05 在顶视图中单击"矩形"按钮，捕捉创建矩形，如图 11-41 所示。

Step06 为其添加"挤出"修改器，设置挤出值为 350mm，如图 11-42 所示。

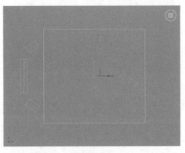
图 11-37

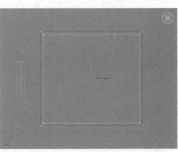
图 11-38

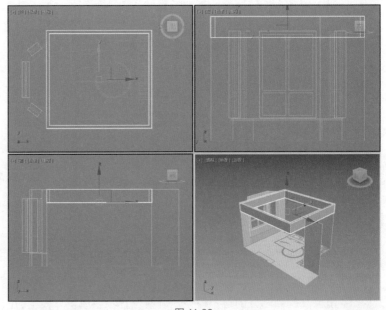
图 11-39

图 11-40

图 11-41

图 11-42

Step07 在顶视图中单击"圆柱体"按钮，创建一个半径为80mm、高度为10mm的圆柱体用于模拟射灯，如图11-43所示。

Step08 复制射灯模型，如图11-44所示。

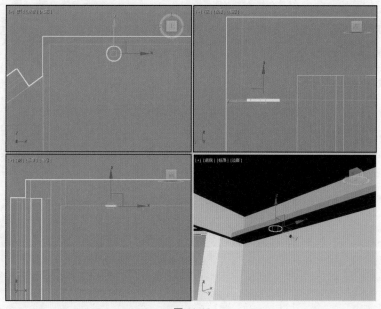

图 11-43

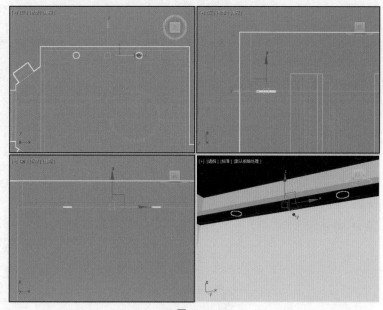

图 11-44

11.3.2　创建墙面模型

下面进行墙面模型的创建，具体操作步骤介绍如下。

Step01 在顶视图中单击"矩形"按钮，创建一个长度为20mm、宽度为500mm、圆角半径为5mm的矩形，如图11-45所示。

Step02 为其添加"挤出"修改器，设置挤出值为2700mm，调整模型的位置，如图11-46所示。

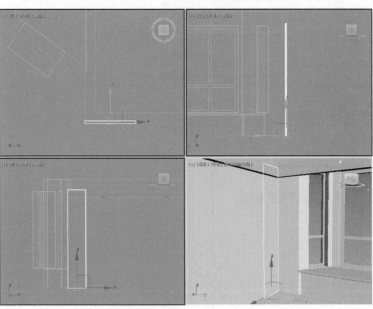

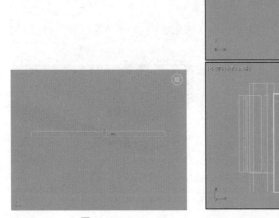

图 11-45

图 11-46

Step03 复制模型，并调整矩形的长度，如图 11-47 所示。

Step04 再复制到模型的另一侧，调整尺寸及位置，如图 11-48 所示。

Step05 孤立墙体与床头背景墙，如图 11-49 所示。

Step06 在前视图中单击"矩形"按钮，捕捉创建一个矩形，如图 11-50 所示。

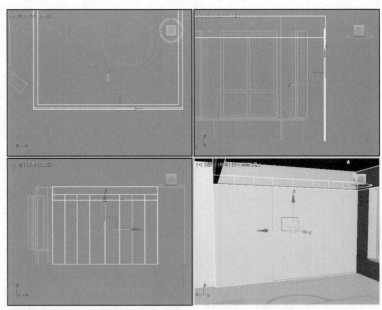

图 11-47

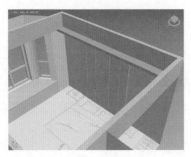

图 11-48

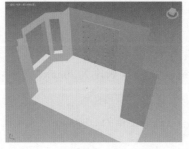

图 11-49

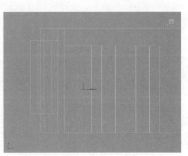

图 11-50

Step07 将其转换为可编辑样条线，进入"样条线"子层级，选择样条线，在"几何体"卷展栏中单击"轮廓"按钮，设置轮廓值为15mm，如图11-51所示。

Step08 为其添加"挤出"修改器，设置挤出值为50mm，制作出框架，如图11-52所示。

Step09 在前视图中单击"矩形"按钮，绘制一个长度为320mm、宽度为135mm的矩形，如图11-53所示。

图 11-51　　　　　　　　　图 11-52　　　　　　　　　图 11-53

Step10 将其转换为可编辑样条线，进入"样条线"子层级，在"几何体"卷展栏中设置轮廓值为20mm，如图11-54示。

Step11 为其添加"挤出"修改器，设置挤出值为20mm，调整到大框架合适位置，如图11-55所示。

Step12 复制框架，如图11-56所示。

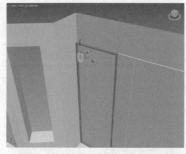
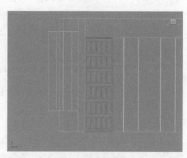

图 11-54　　　　　　　　　图 11-55　　　　　　　　　图 11-56

Step13 继续在前视图中创建长度为140mm、宽度为100mm的矩形，如图11-57所示。

Step14 将其转换为可编辑样条线，进入"样条线"子层级，在"几何体"卷展栏中设置轮廓值为10mm，如图11-58所示。

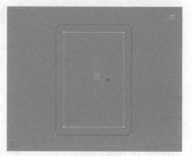

图 11-57　　　　　　　　　图 11-58

ACAA课堂笔记

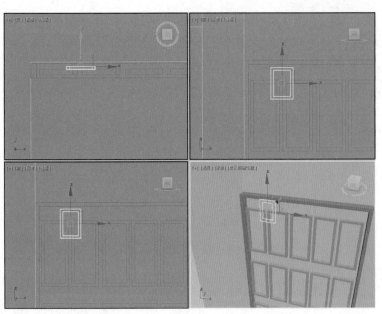

图 11-59

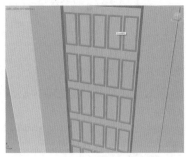

图 11-60

Step15 为其添加"挤出"修改器，设置挤出值为 8mm，调整到合适位置，如图 11-59 所示。

Step16 复制框架，完成一扇屏风模型的创建，如图 11-60 所示。

Step17 全选框架模型，执行"组"|"组"命令，打开"组"对话框，输入组名，如图 11-61 所示。

Step18 单击"确定"按钮，关闭对话框复制屏风到另一侧，并取消当前孤立，如图 11-62 所示。

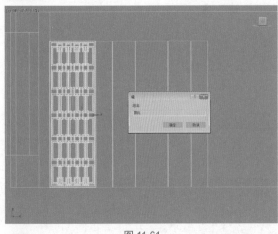

图 11-61

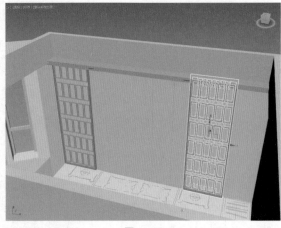

图 11-62

11.4 创建家具模型

本场景中需要创建的家具模型较多，通过这些模型的创建可以加强对之前所学知识的理解。

■ 11.4.1 创建双人床模型

场景中的双人床模型分为床裙、床垫、被子、床尾巾等。下面分别进行模型的创建，具体操作步骤介绍如下。

Step01 在顶视图中，单击"长方体"按钮，创建一个 2000mm×1800mm×320mm 的长方体，设置长度分段数和宽度分段数分别为 20，如图 11-63 所示。

Step02 将其转换为可编辑多边形，进入"边"子层级，选择边，如图 11-64 所示。

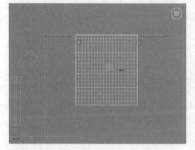

图 11-63

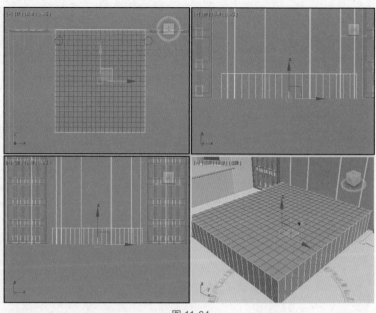

图 11-64

Step03 在"编辑边"卷展栏中，单击"移除"按钮，将边移除，如图 11-65 所示。

Step04 进入"多边形"子层级，选择多边形，单击"倒角"设置按钮，设置倒角高度为 10mm、倒角轮廓值为 -10mm，如图 11-66 所示。

Step05 再次单击"倒角"设置按钮，设置倒角高度为 10mm、倒角轮廓值为 -5mm，如图 11-67 所示。

Step06 对模型进行孤立，将视角转到床头的另一侧，进入"边"子层级，选择边，如图 11-68 所示。

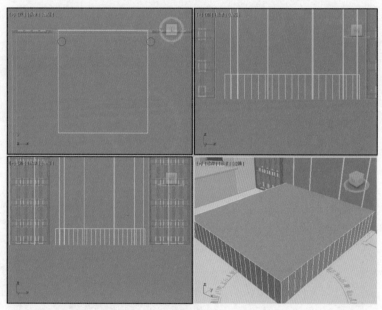

图 11-65

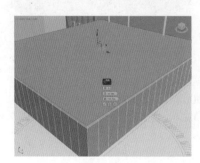

图 11-66

图 11-67

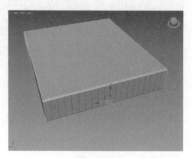

图 11-68

Step07 按 Delete 键删除边，如图 11-69 所示。

Step08 进入"顶点"子层级，选择顶点，如图 11-70 所示。

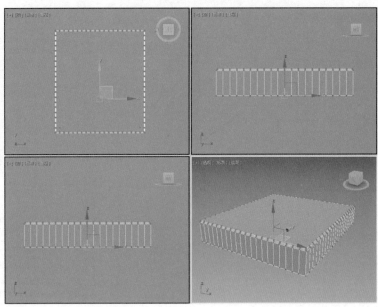

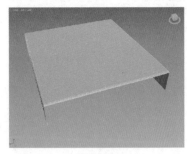

图 11-69

图 11-70

Step09 单击"选择并均匀缩放"按钮，在顶视图中对选中的顶点进行缩放，如图 11-71 所示。

Step10 对顶点进行调整，如图 11-72 所示。

Step11 单击鼠标右键，在打开的快捷菜单中选择"NURMS 切换"命令，设置迭代次数为 1，如图 11-73 所示。

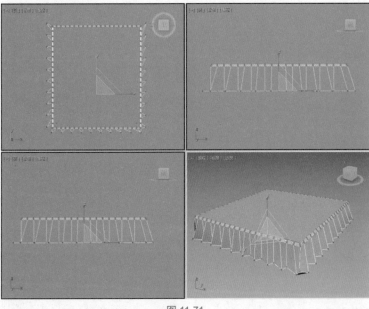

图 11-72

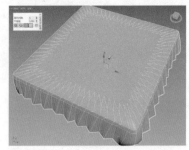

图 11-71

图 11-73

Step12 在顶视图中单击"切角长方体"按钮，创建一个长度为 1980mm、宽度为 1780mm、高度为 200mm 的切角长方体，设置圆角半径为 40mm、长度分段数为 6，如图 11-74 所示。

Step13 在前视图中单击"线"按钮，创建样条线，如图 11-75 所示。

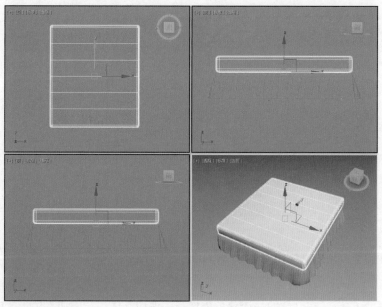

图 11-74

图 11-75

Step14 进入"顶点"子层级，设置顶点类型为"Bezier 角点"，调整控制柄，如图 11-76 所示。

Step15 进入"样条线"子层级，在"几何体"卷展栏中设置轮廓值为 20mm，如图 11-77 所示。

Step16 为其添加"挤出"修改器，设置挤出值为 20mm，如图 11-78 所示。

图 11-76

图 11-77

图 11-78

Step17 将模型转换为可编辑多边形，进入"多边形"子层级，选择多边形，如图 11-79 所示。

Step18 在"编辑多边形"卷展栏中单击"挤出"设置按钮，设置挤出值为 20mm，如图 11-80 所示。

Step19 进入"顶点"子层级，在左视图中调整顶点的位置，如图 11-81 所示。

图 11-79

图 11-80

图 11-81

Step20 进入"多边形"子层级，选择多边形，如图 11-82 所示。

Step21 再次单击"挤出"设置按钮，设置挤出值为 40mm，如图 11-83 所示。

Step22 进入"顶点"子层级，调整顶点，如图 11-84 所示。

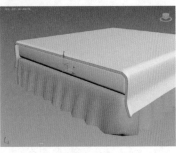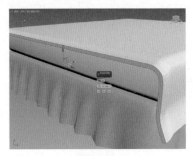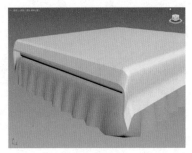

图 11-82 图 11-83 图 11-84

Step23 继续选择多边形并设置挤出值为 90mm，如图 11-85 所示。

Step24 通过调整顶点调整模型，如图 11-86 所示。

Step25 在"顶点"子层级中单击鼠标右键，在打开的快捷菜单中选择"剪切"选项，剪切多边形，如图 11-87 所示。

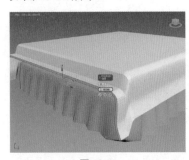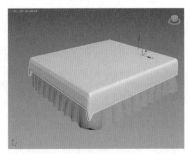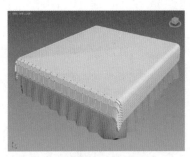

图 11-85 图 11-86 图 11-87

Step26 再次调整顶点，如图 11-88 所示。

Step27 为其添加"挤出"修改器，在"参数"卷展栏中勾选"自动平滑"复选框，设置阈值为 30，如图 11-89 所示。

Step28 平滑后的效果如图 11-90 所示。

图 11-88 图 11-89 图 11-90

Step29 在前视图中单击"线"按钮，创建样条线，如图 11-91 所示。

Step30 进入"顶点"子层级，设置类型为"Bezier 角点"，调整控制柄，如图 11-92 所示。

Step31 进入"样条线"子层级，设置轮廓值为 20mm，如图 11-93 所示。

图 11-91

图 11-92

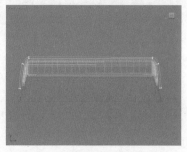
图 11-93

Step32 进入"顶点"子层级，在"几何体"卷展栏中单击"圆角"设置按钮，设置圆角半径为 10mm，对两侧的顶点进行圆角操作，如图 11-94 所示。

Step33 为其添加"挤出"修改器，设置挤出值为 500mm、分段数为 4，如图 11-95 所示。

Step34 转换为可编辑多边形，进入"多边形"子层级，选择多边形，如图 11-96 所示。

图 11-94

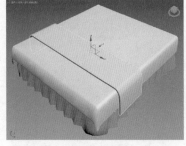
图 11-95

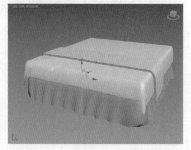
图 11-96

Step35 在"编辑多边形"卷展栏中单击"倒角"设置按钮，设置倒角高度为 5mm、轮廓值为 -5mm，如图 11-97 所示。

Step36 为其添加"平滑"修改器，勾选"自动平滑"复选框，设置阈值为 60，并取消当前孤立，如图 11-98 所示。

图 11-97

图 11-98

■ 11.4.2　创建床头柜模型

床头柜造型简单大方，但是创建起来稍微复杂，需要利用多边形建模中的多个操作命令进行创建。下面进行床头柜模型的创建，具体操作步骤介绍如下。

Step01 在顶视图中单击"长方体"按钮，创建一个长度为 420mm、宽度为 650mm、高度为 120mm 的长方体，如图 11-99 所示。

Step02 将其转换为可编辑多边形，进入"边"子层级，全选所有的边，如图 11-100 所示。

Step03 在"编辑边"卷展栏中，单击"切角"设置按钮，设置切角量为 0.5mm，如图 11-101 所示。

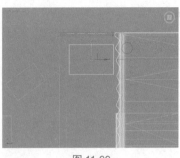
图 11-99

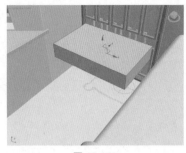
图 11-100

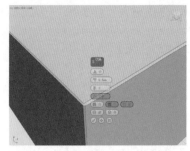
图 11-101

Step04 向上复制模型，调整间距为 20mm，并进入"顶点"子层级，调整复制后长方体的高度，如图 11-102 所示。

Step05 进入"多边形"子层级，选择多边形，如图 11-103 所示。

Step06 在"编辑多边形"卷展栏中单击"插入"设置按钮，设置插入值为 19.5mm，如图 11-104 所示。

图 11-102

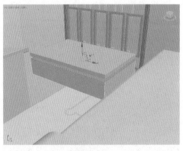
图 11-103

图 11-104

Step07 单击"挤出"设置按钮，设置挤出值为 20mm，如图 11-105 所示。

Step08 在"编辑几何体"卷展栏中，单击"附加"按钮，附加选择上方的模型，使其成为一个整体，如图 11-106 所示。

Step09 进入"多边形"子层级，选择多边形，如图 11-107 所示。

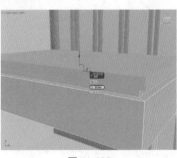
图 11-105

图 11-106

图 11-107

Step10 在"编辑多边形"卷展栏中，单击"插入"设置按钮，设置插入值为 50mm，如图 11-108 所示。

Step11 进入"边"子层级，选择如图 11-109 所示的边线。

Step12 在"编辑边"卷展栏中，单击"切角"设置按钮，设置边切角量为 0.5mm，如图 11-110 所示。

3ds Max 建模课堂实录

218

图 11-108

图 11-109

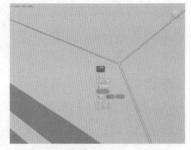

图 11-110

Step13 进入"多边形"子层级，选择多边形，如图 11-111 所示。

Step14 在"编辑边"卷展栏中，单击"挤出"设置按钮，设置挤出值为 - 0.5mm，如图 11-112 所示。

图 11-111

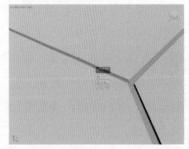

图 11-112

Step15 在顶视图中单击"长方体"按钮，创建长度为 420mm、宽度为 650mm、高度为 25mm，设置长度分段数和宽度分段数分别为3的长方体，如图 11-113 所示。

Step16 将其转换为可编辑多边形，进入"顶点"子层级，在顶视图中调整顶点的位置，如图 11-114 所示。

Step17 进入"多边形"子层级，选择多边形，如图 11-115 所示。

Step18 在"编辑多边形"卷展栏中单击"挤出"设置按钮，设置挤出值为 325mm，如图 11-116 所示。

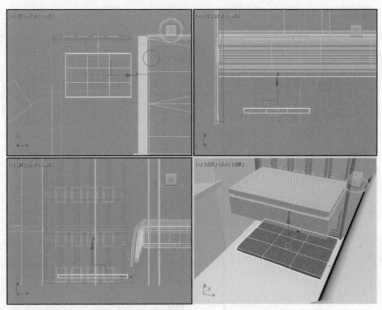

图 11-113

图 11-114

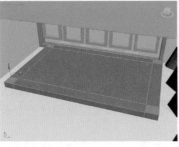

图 11-115

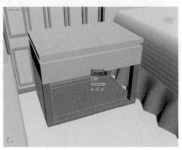

图 11-116

Step19 再选择底部的多边形，将其挤出 100mm，如图 11-117 所示。

Step20 进入"边"子层级，选择边，如图 11-118 所示。

Step21 在"编辑边"卷展栏中单击"切角"设置按钮，设置边切角量为 0.5mm，如图 11-119 所示。

Step22 在"编辑几何体"卷展栏中，单击"附加"按钮，附加选择上方的模型，使其成为一个整体，完成床头柜模型的绘制，如图 11-120 所示。

Step23 复制床头柜模型至床头的另一侧，如图 11-121 所示。

图 11-117

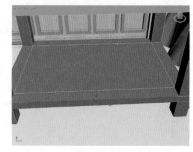

图 11-118

图 11-119

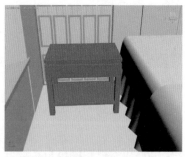

图 11-120

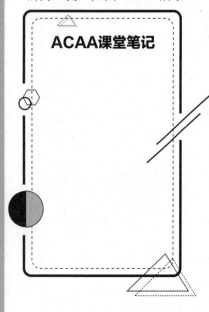

ACAA课堂笔记

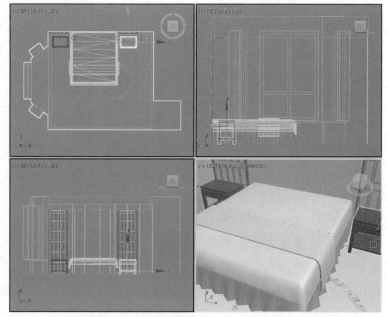

图 11-121

■ 11.4.3 创建床尾凳模型

床尾凳在卧室中起着重要的作用，如放置晚间阅读的书籍、茶具或者衣物等，也可以作为沙发凳使用，非常方便。下面进行床尾凳模型的创建，具体操作步骤介绍如下。

Step01 在顶视图中单击"长方体"按钮，在床尾位置创建一个长度为 400mm、宽度为 1600mm、高度为 100mm 的长方体，如图 11-122 所示。

Step02 将其转换为可编辑多边形，进入"顶点"子层级，调整顶点，如图 11-123 所示。

Step03 进入"多边形"子层级，选择多边形，如图 11-124 所示。

Step04 在"编辑多边形"卷展栏中单击"挤出"设置按钮，设置挤出值为 350mm，如图 11-125 所示。

Step05 进入"顶点"子层级，调整凳子腿部的顶点，如图 11-126 所示。

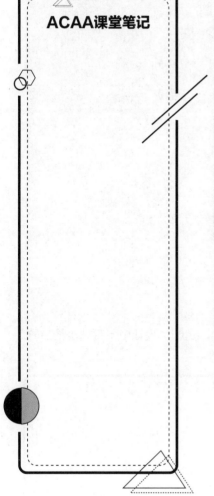

ACAA课堂笔记

图 11-122

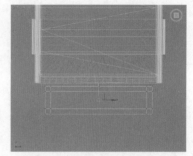

图 11-123

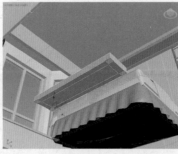

图 11-124

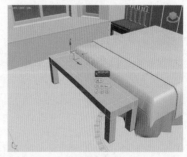

图 11-125

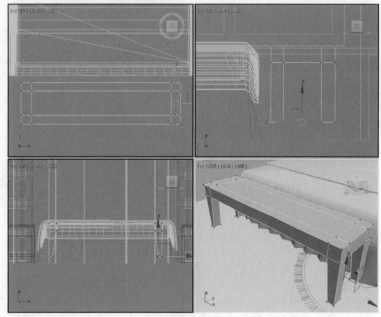

图 11-126

Step06 进入"边"子层级，选择边，单击"移除"按钮，删除边，如图 11-127 所示。

Step07 进入"多边形"子层级，选择多边形，如图 11-128 所示。

Step08 在"编辑多边形"卷展栏中单击"插入"按钮，设置插入值为 10mm，如图 11-129 所示。

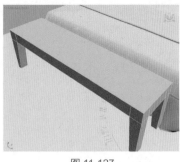

图 11-127

图 11-128

图 11-129

Step09 单击"挤出"设置按钮，设置挤出值为 - 20mm，如图 11-130 所示。

Step10 在顶视图中单击"切角长方体"按钮，捕捉绘制一个长度为 380mm、宽度为 1850mm、高度为 60mm、圆角半径为 20mm 的切角长方体，完成床尾凳的制作，如图 11-131 所示。

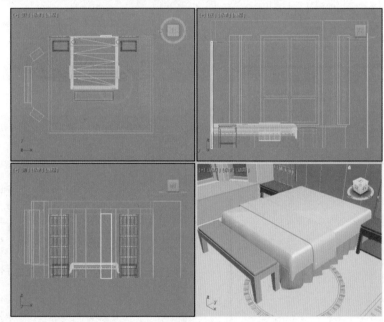

图 11-130

图 11-131

■ 11.4.4 创建台灯及地毯模型

台灯在卧室设计中起到了装饰点缀的作用，同时又具有实用性，是卧室设计中不可缺少的装饰物品。接下来进行台灯及地毯模型的创建，具体操作步骤介绍如下。

ACAA课堂笔记

3ds Max 建模课堂实录

Step01 在顶视图中单击"长方体"按钮，创建230mm×230mm×30mm和30mm×30mm×350mm的长方体，如图11-132所示。

Step02 继续创建400mm×400mm×200mm的长方体，完成台灯模型的创建，如图11-133所示。

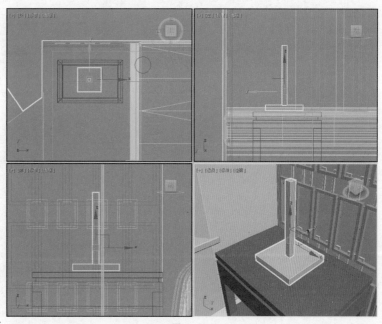

图 11-132

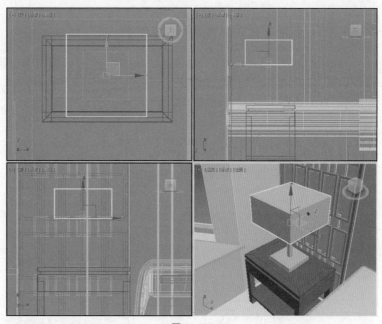

图 11-133

Step03 将台灯模型成组，并复制到床头的另一侧，如图11-134所示。

Step04 在顶视图中单击"切角长方体"按钮，创建一个长度为1800mm、宽度为2500mm、高度为10mm、圆角半径为10mm的切角长方体，作为地毯模型，如图11-135所示。

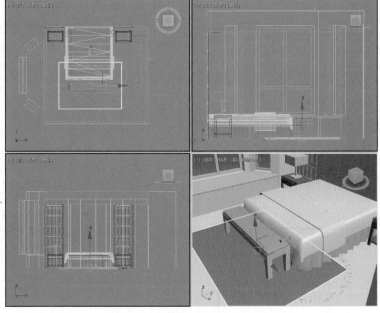

图 11-134

图 11-135

■ 11.4.5　创建电视柜组合及踢脚线模型

电视柜组合及踢脚线模型的创建较为简单，电视机模型的创建需要利用多边形建模命令，并进行多项操作，具体操作步骤介绍如下。

Step01 在前视图中单击"矩形"按钮，创建一个长度为 650mm、宽度为 1500mm 的矩形图形，如图 11-136 所示。

Step02 将其转换为可编辑样条线，进入"线段"子层级，选择并删除一条线段，如图 11-137 所示。

Step03 进入"样条线"子层级，在"几何体"卷展栏中单击"轮廓"按钮，设置轮廓值为 40mm，如图 11-138 所示。

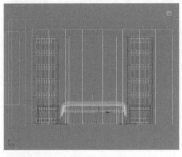

图 11-136

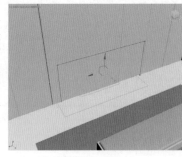

图 11-137

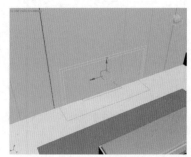

图 11-138

Step04 为其添加"挤出"修改器，设置挤出值为 350mm，如图 11-139 所示。

Step05 在前视图中单击"长方体"按钮，创建一个长度为 460mm、宽度为 920mm、高度为 30mm 的长方体，如图 11-140 所示。

Step06 转换为可编辑多边形，进入"多边形"子层级，选择多边形，如图 11-141 所示。

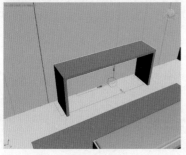
图 11-139

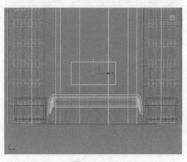
图 11-140

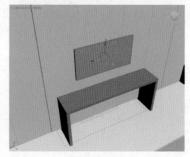
图 11-141

Step07 在"编辑多边形"卷展栏中单击"插入"按钮，设置插入值为 25mm，如图 11-142 所示。

Step08 单击"倒角"设置按钮，设置倒角轮廓值为 -1mm、高度值为 -2mm，如图 11-143 所示。

Step09 进入"边"子层级，选择四条边，如图 11-144 所示。

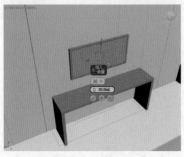
图 11-142

图 11-143

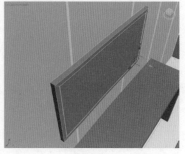
图 11-144

Step10 在"编辑边"卷展栏中，单击"切角"按钮，设置边切角量为 10mm，如图 11-145 所示。

Step11 保持边的选择，单击"切角"设置按钮，设置边切角量为 4mm，如图 11-146 所示。

Step12 继续选择边线，如图 11-147 所示。

图 11-145

图 11-146

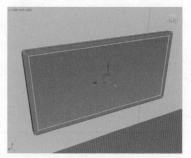
图 11-147

Step13 单击"切角"设置按钮，设置边切角量为 4mm，完成电视机模型的创建，如图 11-148 所示。

Step14 在顶视图中单击"线"按钮，绘制踢脚线路径，如图 11-149 所示。

Step15 进入"样条线"子层级，在"几何体"卷展栏中单击"轮廓"设置按钮，设置轮廓值为 12mm，如图 11-150 所示。

图 11-148

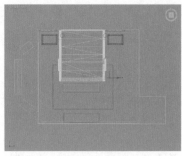

图 11-149

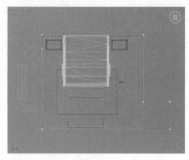

图 11-150

Step16 为其添加"挤出"修改器,设置挤出值为 80mm,调整踢脚线的位置,如图 11-151 所示。

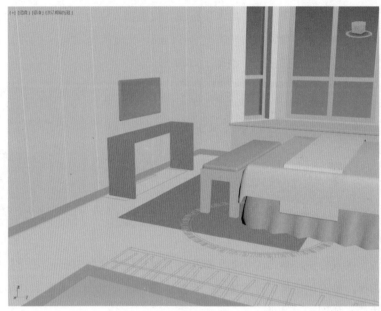

图 11-151

11.5 合并成品模型

场景中的抱枕、电视机、盆栽花瓶等模型,我们可以直接合并已经下载好的成品模型,以提高建模效率,具体操作步骤介绍如下。

Step01 执行"文件"|"导入"|"合并"命令，在弹出的"合并文件"对话框中选择抱枕模型，如图 11-152 所示。

图 11-152

Step02 将抱枕模型合并到当前场景中，放在床头位置，如图 11-153 所示。

图 11-153

Step03 继续导入窗帘等模型，完成本场景模型的创建，如图 11-154 所示。

图 11-154

Step04 将创建好的材质赋予模型进行渲染，完成卧室场景模型的创建，如图 11-155 所示。

图 11-155